人工鱼群算法及应用

姚正华　黄江波　著

U0338136

中国矿业大学出版社

·徐州·

内 容 提 要

　　本书主要介绍了人工鱼群算法的改进及应用研究;在分析基本人工鱼群算法模型和人工鱼个体行为方式的基础上介绍了算法参数对算法性能的影响,并得出了算法参数设置的一般规律;分别从算法参数、算法仿生学基础以及混合算法等方面介绍了人工鱼群算法目前常见的改进策略,对改进后的人工鱼群算法进行了性能测试,并分析比较了各种改进策略的特点及应用条件;最后介绍了人工鱼群算法在路径规划、参数优化中的应用。

图书在版编目(C I P)数据

　　人工鱼群算法及应用/姚正华,黄江波著.—徐州:中国矿业大学出版社,2019.12

　　ISBN 978 - 7 - 5646 - 4563 - 2

　　Ⅰ. ①人… Ⅱ. ①姚…②黄… Ⅲ. ①智能技术—算法理论 Ⅳ. ①TP18②TP273

　　中国版本图书馆 CIP 数据核字(2019)第292287号

书　　名	人工鱼群算法及应用
著　　者	姚正华　黄江波
责任编辑	姜志方
出版发行	中国矿业大学出版社有限责任公司
	(江苏省徐州市解放南路　邮编 221008)
营销热线	(0516)83885370　83884103
出版服务	(0516)83995789　83884920
网　　址	http://www.cumtp.com　**E-mail**:cumtpvip@cumtp.com
印　　刷	江苏凤凰数码印务有限公司
开　　本	787 mm×1092 mm　1/16　印张 8　字数 150 千字
版次印次	2019 年 12 月第 1 版　2019 年 12 月第 1 次印刷
定　　价	35.00 元

　　(图书出现印装质量问题,本社负责调换)

前　言

　　人工鱼群算法是一种新兴的元启发式仿生群集智能优化算法,是通过模拟鱼类群体的相互社会行为,实现群集智能的一种优化算法。人工鱼群算法作为现代启发式智能算法,具有现代仿生群集智能算法的很多优点,已经在众多领域得到了应用,但也存在一些需进一步研究和探讨的问题。

　　本书首先对优化问题的历史和发展历程进行了总结,在此基础上回顾了主要智能优化方法的起源及其发展现状。在介绍热点优化技术的发展历程、研究现状的基础上,分析了人工鱼群算法的模型和人工鱼的行为方式,并对算法主要参数的作用机理及其影响进行了分析。根据实验结果总结了人工鱼群算法参数的作用效果及其特性,得出了设置算法参数的一般方法与规律。

　　基本人工鱼群算法存在视野和步长在算法不同阶段要求不同的矛盾,本书从算法参数改进角度,设计出一种分段自适应函数法对人工鱼视野和步长进行自适应改进,分别设计了幂函数型、线性函数型以及指数函数型三种分段自适应函数,作为人工鱼视野和步长的分段自适应系数。幂函数型衰减函数具有最快的衰减速度,能使视野和步长进行快速衰减,主要应用于局部最优不突出的优化问题。线性函数型衰减函数的衰减速度最慢,且衰减过程均匀,主要用于局部极值突出的优化问题。指数函数型衰减函数的衰减效果介于幂函数型和线性函数型之间。采用分段自适应函数法后,人工鱼群算法参数鲁棒性得到了极大提高,且算法复杂度不变。

　　基本人工鱼群算法存在最优解精度不高、人工鱼个体分散、算法后期收敛效率下降的问题,本书根据生物进化思想提出了基于进化策略的人工鱼群算法。根据对生物进化过程中的无性生殖和有性生殖方式的模拟,分别提出了模拟无性生殖的淘汰与克隆机制和模拟有性生殖的权值可调重组法来对基本鱼群算法进行改进。淘汰与克隆机制通过淘汰适应度低的个体,克隆高适应度个体,实现了人工鱼种群整体适应度的提高。权值可调重组法实现人工鱼个体的有性生殖。通过权值可调重组法生成子代鱼群,父代个体选择有不确定性,使子代鱼群保持了更多的特性,在提高种群整体适应度的基础上又保证了群体多样性,其效果优于淘汰与克隆机制。

针对单一改进方法存在局限性的问题,本书研究了混合人工鱼群算法,提出了一种新的人工鱼跳跃行为,扩展人工鱼的行为方式,克服了局部极值突出的问题;将多种改进措施同时作用,分别研究了带有淘汰与克隆机制的分段自适应鱼群算法和基于有性生殖的分段自适应混合鱼群算法。实验结果表明混合算法具有良好的性能。还以粒子群算法为代表,研究了人工鱼群算法与其他智能优化算法的混合算法,为其他智能算法与鱼群算法的融合提供了借鉴。

最后将人工鱼群算法应用到路径规划、参数优化研究中,验证了算法的有效性。

作者

2019 年 10 月

目　　录

1　绪　　论

　　人类周围存在着大量的生物集群现象，如鱼类、鸟类、昆虫、微生物等，它们的智能水平和个体能力远不如我们人类，但它们通过群体协作，结合自身周围的环境特点，实现了群体生存的成功，体现出了极高的智能水平。这些生物的生存方式对人类解决问题的方法产生了重大影响。人们从这类群居生物的团体活动中受到启发，对其行为方式进行研究，解决了一些传统方法难以解决的复杂优化问题[1]。

1.1　优化问题

　　在日常生活和生产过程中，人们总是不由自主地考虑到"最优"的问题，如所用时间最短、消耗的原料最少、生产效率最高、走的路程最短等。最初人们总是凭借直观感觉和长期积累的经验来实现这些"最优"的期望。随着生产力水平的提高，关于这些"最优"问题的规律逐渐被人们总结。经过不断发展，这些研究如何取得"最优"问题的规律不断被拓展，并运用到了实际生产。这就是我们研究的"优化问题"[2-3]。

1.1.1　优化的概念

　　优化问题的研究由来已久，但对"优化"进行明确定义的时间并不长。一般认为优化是在可接受的时间范围内对特定问题求解其所有可行解的过程，且所有可行解之间存在定量比较的标准。优化问题就是对优化对象能寻找到一组满足其约束条件，且使该对象性能最优或满足既定条件的解。优化问题与我们的社会生活和生产息息相关，其重要性不言而喻。

　　完成最优化问题的求解过程，首先是要对问题进行描述并建立起相应的数学模型，即利用数学工具完成对所求优化对象的描述，具体包含目标函数的建立、约束条件的确定，其中对优化目标的数学表达式的确定尤为关键。根据不同的分类标准，优化问题可分成不同类型。不同类型的优化问题，其求解方式也各异。常采用数学表达方式来描述优化问题，如式(1-1)和式(1-2)所示。

$$\min Y = f(X) \tag{1-1}$$

$$\text{s.t.} \quad X \in S = \{X \mid g_i(X) \leqslant 0, i = 1, 2, \cdots, m\} \tag{1-2}$$

其中 $Y = f(X)$ 为目标函数，X 为 n 维优化变量，$g_i(X)$ 为约束函数，S 为变量约束域。当变量 X 为离散变量时，优化问题为组合优化问题；当变量 X 为连续变量时，优化问题为函数优化问题。通常最优化问题的极大值和极小值可以相互转化。当 $f(X)$、$g_i(X)$ 为线性函数且 $X \geqslant 0$ 时，优化问题为线性规划问题，其求解方法有成熟的单纯形法等。当 $f(X)$、$g_i(X)$ 存在一个或以上为非线性函数时，该优化问题即为非线性优化问题。若变量 X 的取值范围仅为整数域时，该优化问题为整数优化问题。若变量 X 在整数域内只在 0 或 1 之间选择时，这时该整数规划问题即成为"0-1"规划问题。当约束条件 $g_i(X) \leqslant 0 (i = 1, 2, \cdots, m)$ 为整个欧氏空间时，该优化问题即不存在约束条件，为无约束优化问题，即：

$$\min Y = f(X) \tag{1-3}$$

其中，$X \in S \subset \mathbf{R}^n$。

由于自身函数的复杂性，非线性优化问题无法采用常规方法求解。因此非线性优化问题的求解过程也变得复杂，特别是其函数中存在多个峰谷区域，自身又存在一定的约束条件。求解复杂优化问题主要采用的是当前较为流行的智能计算方法，如粒子群算法、人工鱼群算法、DNA 计算以及遗传算法等。同样由于非线性优化问题自身的特性，采用各种智能计算方法得到的解，几乎都是高度逼近其理论最优解的近似解，而非真正的最优解。此解的精确程度也成为评价该智能计算方法性能优劣的标准之一。

复杂优化问题往往存在多个峰谷，求得的最优解包含了全局极值和局部极值。但，某些特殊的优化问题只能在有限的时间内求解出其局部最优解，如非确定性多项式（NP）问题。实际应用中众多的优化问题都可转化为全局优化问题进行求解，其数学描述为：

对于目标函数 $f(x)$，$S \subseteq \mathbf{R}^n \rightarrow \mathbf{R}, S \neq \varnothing$，对于 $x^* \in S$。存在 $f(x^*) > -\infty$，则称 $f(x^*)$ 为全局最小，当且仅当：

$$\forall x \in S : f(x^*) \leqslant f(x) \tag{1-4}$$

则 x^* 是一个全局最小点。若当 $B \subset S \subseteq \mathbf{R}^n \rightarrow \mathbf{R}, B \neq \varnothing$，有 $\forall x \in B : f(x_B^*) \leqslant f(x)$，则 x_B^* 是一个局部极小点。

1.1.2 优化技术的发展

古希腊人在实践中发现建筑、美术、工程设计等领域有关比例分割问题的最佳比例为 $1 : 0.618$ 时，最符合人的视觉美感，这个比例后来称为黄金分割比。

这可认为是最早定量研究最优化问题的典型案例[4]。

独立研究优化问题、不再单纯依靠个人经验来解决、使优化问题成为真正的科学问题则是 17 世纪以后。牛顿和莱布尼茨分别独立发明微积分后,出现了采用微积分求解实函数最大值和最小值的方法。第二次世界大战期间,由于军事需要,以苏联和美国为代表开展了优化方法的研究。其中最具典型的是苏联的坎托罗维奇(Kantorovich)和美国的丹奇格(Diantzig)提出的线性规划,美国的库恩(Kuhn)和塔克(Tucker)提出的非线性规划以及美国的贝尔曼(Bellman)提出的动态规划等[4]。

从 20 世纪 50 年代开始,出现了模拟生物智能的现代智能方法。典型的智能计算方法有:人工神经网络[5]、模拟退火[6]、进化规划[7]、遗传算法[8]、禁忌搜索[9]及其混合优化策略等。在对自然界生物进行仿生研究的基础上,运用数学、物理学、生物学以及人工智能领域的技术,提出的智能计算方法对复杂优化问题的解决提供了新的方法。这些全新的优化方法已经在相关领域得到了应用。

随着智能优化方法研究的深入,一些基于对群居生物仿生学的新型群体智能算法产生了。其中蚁群算法[10]、粒子群算法[11]等由于具有良好的应用效果,已经应用到复杂函数求解、生产规划、信息处理等领域,成为群体智能优化算法应用的代表性成果。

进入 21 世纪,在传统智能优化算法研究和广泛应用的基础上,各种新颖的启发式算法,如人工鱼群算法[12]、萤火虫算法[13]、和声算法[14]、蝙蝠算法[15]、布谷鸟算法[16]、细菌觅食算法[17]、蛙跳算法[18]、人工蜂群算法[19]、群搜索算法[20]、入侵性杂草克隆算法[21]、智能水滴算法[22]、生物地理学优化算法[23]、稻田算法[24]、猴群算法[25]等相继涌现[26]。但所有算法在整个函数类上的平均表现度量是相同的,目前尚未出现所谓的"万能算法"。

1.2　计算智能

1992 年,美国学者贝兹德克(Bezdek)在《国际近似推理杂志》(*International Journal of Approximate Reasoning*)上首次提出了"计算智能"的概念。他认为计算智能主要依赖生产者所提供的各种数字和数据资料,不依赖于知识,而人工智能则必须采用知识进行处理。

计算智能属于智能的范畴。那么什么是智能呢?一般通俗地认为,"智慧"和"能力"的结合,即为"智能"。计算智能有时也称为智能计算,是根据对自然界和生物个体或群体的研究,并对其特性进行模拟,仿照生物特性对复杂问题进行求解的方法。计算智能的主要研究内容包括模糊逻辑、遗传算法、人工免疫系统、群体仿生计算模型、量子计算、DNA 计算、模拟退火以及智能代理模型等。计算智能研究的主要问题包括学习、自适应、自组织、优化、搜索、推理等。

就目前所知,人类智能是所有生物智能中最高级的智能。可以肯定的是,人类智能的表现与人类大脑和整个神经系统的内部结构和功能原理有着密不可分的关系。人类智能的核心是思维,而思维的器官就是人类大脑。在《牛津大辞典》中智能的定义是"观察、学习、理解和认识的能力"。概括起来讲,智能是个体有目的地运用合理思维及行为,对环境进行有效适应的一种综合性能力。智能的核心在于知识,包括感性知识与理性知识,先验知识与理论知识,因此智能也可表达为知识获取能力、知识处理能力和知识适用能力。

计算智能,也被称为"软计算",是当前人工智能技术的重要组成部分,它是20 世纪 90 年代在向传统的人工智能挑战过程中所提出的研究和模拟人类思维或生物的自适应、自组织能力,以实现计算技术的智能性的一门新学科。它是借助现代计算工具模拟人的智能求解问题或处理信息的理论与方法,它是人工智能的深化与发展。人工智能主要利用符号信息和知识,而计算智能则是利用了数值信息和知识;人工智能技术强调规则的作用与形成,而计算智能技术则强调模型的建立与构成;人工智能技术要依赖专家的个人知识,而计算智能技术则强调自组织、自学习与自适应。计算智能技术具有自适应、容错、较高的计算速度以及处理包含噪声信息等特点和优势[1]。

计算智能以数据为基础,以计算为手段来建立功能上的联系或模型而进行问题求解,以实现对智能的模拟和认识。用计算科学与技术模拟人的智能结构和行为称为计算智能。计算智能技术是在传统的人工智能技术基础上发展起来的新技术,属于传统人工智能技术的延伸和扩展。人工智能技术是采用人工的方法利用计算机来实现的智能技术和方法,有时也被称为机器智能。计算智能则是在信息科学、生命科学、认知科学等学科相互交叉、相互促进的基础上产生的。计算智能以数值计算为手段,根据对生物体的智能机理和行为方式进行仿生,实现复杂问题的求解。计算智能技术和方法借鉴了生物学、仿生学以及自然界中的智能现象和规律,是在人工神经网络、进化计算及模糊系统这三个领域发展相对成熟的基础上形成的一个统一的学科概念。

计算智能技术的发展和成熟促进了基于计算和基于物理符号相结合的各种智能理论、模型和方法的综合集成,使之能够成为解决更为复杂系统和问题的新的智能技术。各种计算智能技术从诞生以来,发展历史虽然只有短短几十年甚至更短的时间,却取得了飞速发展,其应用领域几乎遍及各个工程技术领域。作为一门新兴的交叉学科,计算智能技术和方法的发展与成熟必将极大地推动人工智能技术的进步和发展。目前,一方面各种计算智能技术和方法在各自独立地被深入研究和发展,并且不断涌现出新的应用研究和理论研究成果;另一方面,计算智能技术的不同方法之间以及计算智能技术与其他方法之间不断地进行相互融合和应用,并获得了许多更为有效的解决复杂问题的思路和方法[27-29]。

1.3　群体智能

对群居生活的生物如蚂蚁、蜜蜂、鸟、鱼等群体中每个个体的单独行为进行单独考察,会发现每个个体的行为都有自身的特点,但综合考察群体的行为,就会发现群体行为又体现出了一定的组织协调性和一致性。群体中不存在与其他个体不同的领导者,每个个体的行为都不受群体中其他个体的领导,但却体现出了整体的更高层次的智慧性,与个体行为相比发生了质变。群体中的个体在特性和行为上的表现相对简单,但它们的集体行为通常是非常复杂的。单个个体行为的简单叠加并不能产生这样的复杂行为,群体的复杂行为是涌现出来的,并表现出与个体行为的本质不同。我们也不能根据个体的简单行为进行综合预测和推演群体的行为趋势。"涌现"是指一个复杂系统中通过局部作用演化形成某些新的、相关的结构、模式和行为的过程。"涌现"的例子在自然界中普遍存在,如自组织寻优、自适应分工、结构重组等[30]。

1.3.1　群体智能概述

群体智能优化源于生物群体在觅食过程中对最短路径的自发选择这一现象。无论是蜂群、鸟群还是鱼群,其觅食寻找最佳路径和最多食物量的基本条件是:个体只具有简单的能力,与群体能力相比,个体能力是本质上的小;群体内部只存在个体间的信息交换,个体通过局部环境进行直接或间接的交互;群体可以处于多种状态,并且存在某些比当前状态更好的状态。群体进行的觅食过程就是要找到一种从整体上看,群体在未来为完成某项任务所付出的代价最小的过程。代价最小类型包括了物质、能量消耗最少,时间花费最短等。群体智能在不存在集中控制并缺少局部信息和模型的情况下,为解决复杂分布式问题提供了思路。

群体智能具有如下特点:

(1)简单性

群体智能中的个体是简单的,群体所体现出来的智慧是单个个体无法达到的。个体不受领导,个体只能与群体中的其他个体进行信息交流和协作。在群体智能中,只需要对个体适应度进行比较,对优化对象的信息无特殊要求,实现方式较为简单。

（2）分布式

群体智能中,个体的初始状态是随机分布的,每个相互协作的个体是分布式存在。由于群体智能系统中不存在领导者,因此这个系统中也不存在中心。各个个体的随机分布和自组织的相互协作与实际复杂问题的演变模式相吻合,对网络环境具有良好的适应性。

（3）鲁棒性

组成群体的个体是低智慧的,单个个体的变化对整个系统几乎没有影响。群体数量在一定范围内变化,不会对群体的智能特性造成本质的影响。

（4）良好的可扩展性

群体中的个体既可进行个体与个体之间的协作与交互,也可通过对环境的感知,调整自身的状态,实现与环境间的间接交流。因此通过影响环境,可实现对群体中个体的影响。群体所处的环境成为群体与其他群体之间交互的桥梁,实现群体的扩展。

（5）广泛的适应性

无论解决的问题是连续的还是离散的,是一维的还是多维的,是线性的还是非线性的,群体智能优化方法均能有效解决。群体智能的优势正是解决传统方法无法解决的多维、非线性、大规模的优化问题。复杂程度越高,越能体现群体智能的优势。

由于具备上述优点,群体智能优化方法已经成为当前智能优化领域的研究热点,其应用也不断拓展。对群体智能优化原理的探讨、算法理论的分析和算法模型的改进,归根结底是为解决实际问题提供性能更优、成本更小、解的可靠性更高的算法模型[1]。

1.3.2 粒子群算法简介

1995 年,肯尼迪（Kennedy）和埃伯哈特（Eberhart）通过对社会心理学模型中的社会影响和社会学习方式的研究,提出了一种新的群体优化算法模型,即粒子群算法（PSO）。在粒子群算法中,群体中的每个个体遵循简单的行为,通过学习相邻优秀个体的成功经验,利用自身既往的行为积累实现对高维空间最佳区域的搜索[11]。粒子群优化按照如下过程,实现其对复杂寻优区域的搜索。多维空间计算是在一系列的时间点上进行的。粒子群采用对个体最优位置和群体历史最优位置来表达其品质因子。个体历史最优位置和群体历史最优位置之间的相互分配保证了其多样性。群体只在个体历史最优位置和群体历史最优位置发生变化时,才改变其状态。粒子群具有一定的自适应能力。

与进化策略相比,一个种群相当于一群人口,一个粒子相当于一个个体,代表了问题的一个解。粒子在多维空间中飞行,其位置的调整方式由其自身的历史经验和群体经验共同决定。t 时刻,第 i 个粒子在搜索空间的位置状态表示为 $X_i(t)$,其位置变化由速度 $v_i(t)$ 决定:

$$X_i(t+1) = X_i(t) + v_i(t+1) \qquad (1-5)$$

速度向量驱动整个优化进程,它反映粒子自身历史经验和周围环境的历史交互信息。粒子的经验知识包含了"认知成分"和"社会成分"两个方面。前者与粒子从当前位置到历史最优位置的距离成正比例关系。后者代表速度方程的"社会成分"[31-38]。

最初有两种粒子群算法被提出,它们的区别是粒子邻域的大小不同,一个称为全局最优粒子群算法(gbest PSO),另一个为局部最优粒子群算法(lbest PSO)。无论是全局最优粒子群,还是局部最优粒子群,其速度更新的社会成分都导致粒子朝着全局最优的位置移动,但两者也存在如下区别:由于粒子间的连接更多,gbest PSO 拥有比 lbest PSO 更快的收敛速度,但这种获得更快收敛速度的代价是种群多样性比 lbest PSO 差;由于 lbest PSO 拥有更好的种群多样性,粒子可以覆盖更广的搜索区域,因此 lbest PSO 更不容易陷入局部最优[39-40]。

目前粒子群算法的研究主要有算法理论的改进研究和算法应用研究两个方面。算法改进研究主要可分为两个方向,一是算法理论的改进研究,二是粒子群算法与其他算法相融合的研究。目前粒子群算法已经在系统参数优化、权值调整、控制系统优化、图像处理、人工智能、生产调度、路径规划以及挥发性危险物查找等领域得到了广泛应用[41-51]。

1.3.3　人工蜂群算法简介

2005 年,在基于模拟蜜蜂群体寻找蜜源的基础上,土耳其学者卡拉博加(Karaboga)提出了一种新的群体智能优化方法,即人工蜂群算法[19],如图 1-1 所示。人工蜂群算法是通过对自然界蜜蜂寻找花源、找到花源的蜜蜂个体将信息传递给蜂群中的其他个体、共同进行采蜜的方式进行模拟的一种群体智能优化算法。根据分工不同,不同种类的蜜蜂分别按各自职责进行工作,并且蜂群内部能进行信息交换,实现最佳蜜源地点确定的问题[52-53]。

蜜蜂个体具有的智能是有限的,但众多的个体组成相互协同的群体后,就会产生群集智能现象,表现出与个体相比发生质变的智能水平。在自然界中,蜜蜂群体总能在距离蜂巢合适的距离内找到花蜜最丰富的地方。在蜂群算法的模型中,存在三种不同类型的蜜蜂个体,即侦查蜂、引领蜂和跟随蜂。蜜蜂个体有两种基本的行为方式:一是当某个个体搜索到自身认为较为丰富的蜜源时,会通过

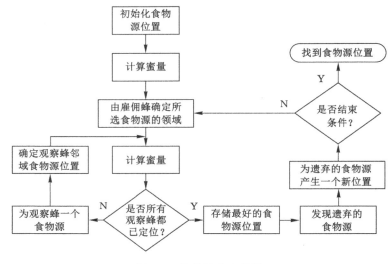

图 1-1　蜂群算法流程图

信息传递引导其他个体到达此处;二是自身认为该处蜜源较少,放弃该处,继续搜索下一处[31]。

　　人工蜂群算法虽然研究和发展的时间不长,但与其他群体智能优化算法相比,蜂群算法也有自身的优势。蜂群算法的优点是在整个迭代过程中对全局最优和局部最优的搜索是同时进行的。这种并行的搜索方式提高了寻优过程中发现全局最优解的概率,避免了局部最优的干扰。目前人工蜂群算法已经应用到函数优化[54]、数字信号处理与滤波[55]、分布式系统的网络重构[56]、最小生成树问题[57]、TSP 问题及路径规划[58]、图像处理[59]等领域。人工蜂群算法的改进及其混合算法的研究也取得了一定的研究成果[60-62]。

1.3.4　蚁群算法简介

　　20 世纪 90 年代初,意大利学者多里戈(Dorigo)与其他合作者共同提出了一种新型的模拟群居生物行为的群智能优化算法——蚁群算法[10]。蚁群算法是通过模拟自然界中的蚂蚁在寻找食物过程中释放一种信息素进行相互交流,找到距离蚁巢路程最短的食物源的现象实现群体智能的方法,其原理是基于信息正反馈。

　　在蚁群寻找食物时,当遇到没有走过的分叉路口时,会随机分散继续行走,同时释放信息素,路程越短的信息素越浓,后续蚁群遇到此路口时,选择信息素浓度高的路径概率就越高,形成正反馈过程。如图 1-2 所示,蚁群从 A 点出发寻

找 D 点的食物，AD 两点之间有两条路径，显然路径 ABD 的路程比路径 ACD 的路程要短，开始时如图 1-2(a)所示，相同的时间内等量蚂蚁通过，随着时间推移，当第一只蚂蚁到达 D 点后，ABD 段上单位距离内蚂蚁信息素浓度开始大于 ACD 段，后续蚂蚁将根据信息素浓度进行选择，选择 ABD 的蚂蚁越来越多，最终蚁群会放弃 ACD，选择路程较短的 ABD 段[1]。

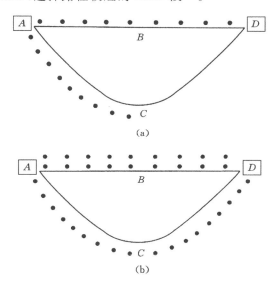

图 1-2　蚁群觅食过程

蚁群算法是对自然界中蚂蚁实体的协作过程进行形象模拟，每个蚂蚁个体在寻优空间中独立搜索，并在搜索的过程中释放信息素。蚂蚁数量越多，信息素量越大，解的适应度也越高，信息素浓度越高的解被选择的概率越高。算法开始时，所有解的信息素的浓度是均等的，随着算法执行，较优解的信息素浓度不断增加，最终算法将收敛到具有较高信息素浓度的解。蚁群算法具备较强的自学习能力，当环境发生变化时，可根据自身既往行为对自身的知识库和行为方式进行调整，达到提高算法求解能力的目的。若引入启发因子，可根据求解问题的特性，给蚁群进行初始引导，则能使算法性能得到改进[63-69]。

1.4　研究背景与研究现状

人工鱼群算法是在对自然界生物鱼类群体的行为特性进行观察研究，总结其行为规律和群体行为优势的基础上，通过对鱼类行为的模拟，实现仿生智能的一种方式。人工鱼群算法本质上是通过对鱼类群体行为方式的仿生模拟,实现群体智能的一种优化方法[12]。

1.4.1 研究背景

人工鱼是生物鱼个体的抽象,包含了鱼类的行为特点和对环境的反应行为,可将人工鱼视为封装了自身数据和多种行为的实体,可通过感官接受环境信息,并能对信息做出相应的反应,同时人工鱼个体可通过自身的行为影响其他人工鱼个体的行为。鱼群算法的优点主要体现在评价指标简单,在参数设置合理的前提下,只需要按照个体适应度高低进行寻优和种群更新,无须关注优化对象本身的细节,算法参数具有一定的鲁棒性等[70-81]。人工鱼群算法虽然具备参数鲁棒性强、简单高效等优点,但算法本身也存在不足。

在基本鱼群算法中,人工鱼的视野和步长固定,视野和步长的大小设置要求与算法执行不同阶段存在矛盾,导致收敛速度降低或解的精度不高。在算法执行过程中,理想状态是:算法初始阶段,人工鱼要尽快寻优,找到食物浓度最高处,并快速前往,聚集在其邻域,这就要求人工鱼的视野开阔,提高发现最优邻域的概率,步长较大,提高前往最优邻域的速度;算法中后期,人工鱼个体要在最优解邻域内精确找到最优点,若视野和步长仍然较大,最优邻域内人工鱼则会越过最优点,无法进行有效觅食,即解的精度无法提高,这就要求人工鱼视野和步长不能过大,随着算法执行要逐渐减小。

鱼群算法参数的设置存在很大的主观性和尝试性,设置方法没有统一性。基本鱼群算法的人工鱼个体更新是通过四种行为方式的比较选择最高适应度个体来实现。仅仅通过四种基本行为方式实现个体更新还不完善,可通过研究其他仿生策略,实现人工鱼个体更高水平的仿生进化的更新方式。鱼群算法本身即为基于生物鱼类群体的仿生群体智能优化方法,充分利用生物进化和遗传等思想,将生物进化思想融入基本鱼群算法,形成带有进化思想的鱼群算法。基本鱼群算法中定义了鱼类的四种基本行为方式,但实际鱼类群体还存在其他行为方式,结合仿生学研究鱼类群体的其他行为方式,拓展鱼群算法的仿生学基础。

人工鱼种群更新方式以及鱼群算法仿生学基础等方面的研究有待进一步深入。当人工鱼种群规模增大时,运算所需存储空间增加,算法复杂度提高,影响某些特定优化问题的人工鱼编码方式,如路径规划问题等。目前人工鱼群算法仍然是群体智能优化领域内的研究热点之一,鱼群算法自身及其相关应用还有必要进行深入研究。

1.4.2　研究现状

由于人工鱼群算法具有原理简单、寻优效率高的优点,在通信系统[82-86]、信号与图像处理[87-92]、神经网络参数优化[93-100]、数据挖掘与机器学习[101-116]、数值分析与控制[117-125]、电力系统工程[126-135]、农业与水利工程[136-137]、交通运输工程[138-139]、传感器技术及其应用[140-144]、组合优化[145-149]等领域已经被广泛应用,并取得了一定成果。深化人工鱼群算法的理论及其应用研究,对完善相关理论、拓展其应用领域、提升相关学科的理论和发展水平意义重大。

在某一指定平面或空间范围内,从指定位置开始到确定的点终止,选择一条符合要求,且评价指标最优的路径即为路径规划。该路径的评价结果,与最终任务完成的质量有紧密联系。针对复杂环境下,工作人员不能安全到达的区域进行相关作业时,就存在对机器人的需求。研究复杂环境下的机器人路径规划,对实际生产具有重大意义。群体智能优化算法由于思想简单、易于操作等优点,受到研究者的广泛关注。在路径规划领域,人工鱼群算法目前已经应用到飞行航线规划、危险救援机器人路径规划、无人机航路规划等范畴内[150-158]。

针对实际系统中变量维数高、约束多的特点,在基本鱼群算法的基础上,基于分解协调思想,对人工鱼的行为方式进行改进,在基本行为基础上设计出人工鱼的协调行为,丰富了人工鱼的行为方式,具有良好的算法特性[159]。在鱼群算法执行过程中,引入鱼类的吞食行为,将一些适应度较小或适应度变化能力较小的人工鱼个体吞食,同时随机生成新的个体,提高了人工鱼跳出局部最优的能力[160]。将混沌机制引入人工鱼群算法,以提高算法后期的收敛速度,也增强了人工鱼跳出局部最优的能力[161]。对于基本鱼群算法存在的后期收敛速度降低、最优解精度不高的问题,通过调整人工鱼个体的行为方式,动态调整人工鱼的视野和步长,较优位置直接跳跃等方式进行了改进研究[162]。利用竞争机制改进鱼群算法也取得了一定成果,算法中引入多个鱼群,鱼群之间存在竞争行为[163]。在竞争鱼群中增加分工、合作,形成不同搜索策略。各鱼群之间既进行分工合作,同时又存在竞争,通过多种关系共存的方式改进算法性能[164]。

在人工鱼寻优过程中,会出现人工鱼反复觅食失败,执行无目标随机行为的现象,这种现象对寻优效率是有害的,使人工鱼个体适应度不提高或不能显著提高。这是由于优化问题局部最优突出,且范围较广,人工鱼个体视野不足,反复在该邻域内进行尝试,却不能到达全局最优领域。这时采用模拟生物进化过程中的变异行为和模拟退火策略,对部分人工鱼个体进行变异操作,由于变异的随机性,人工鱼个体状态会突变到一个与之间状态差异较大的邻域,有助于人工鱼在新的环境中进行搜索,克服局部最优的缠扰[76,165-169]。

基于粒子群算法的混合鱼群算法研究也取得了一定成果。分别对鱼群和粒子群算法各自独立进行改进，然后再进行混合算法研究，形成改进后混合算法。在寻优过程中，分别独立采用粒子群和鱼群进行搜索寻优，然后可比较各自寻优结果。基于粒子群的混合鱼群算法形式多样，在算法执行过程中可利用粒子群的快速收敛能力，先采用粒子群优化，得到初步解，再利用改进后的鱼群算法进行精确搜索得到精确度高的全局最优解。对于局部最优突出的问题，可利用鱼群算法全局收敛能力强，克服局部最优的干扰优势，先采用鱼群算法进行寻优，得到初步解，再利用粒子群算法进行快速寻优，完成对局部最优邻域的搜索，最后输出精度较高的全局最优解。综合鱼群算法和粒子群算法的混合算法能对结果进行精细化搜索，得到的鱼群和粒子群算法具有较好的收敛效率和全局最优解精度[170-171]。

人工鱼群算法也可与其他多种启发式算法相融合。将人工鱼群算法与蚁群算法相融合，人工鱼群算法负责前期搜索，运用较大的视野和步长快速到达全局最优邻域，蚁群算法依靠自身产生的信息素分布，在全局最优邻域进行搜索，利用信息素的正反馈作用，提高算法执行效率[172]。

1.5　主要研究方法

1.5.1　采用分段自适应函数实现鱼群算法核心参数视野和步长的改进

针对基本鱼群算法中视野和步长固定，收敛速度和解的精度难以兼顾的问题，提出了一种分段自适应函数法解决固定视野和步长的不足。设计一种分段自适应函数的方法来实现，该函数自变量为算法当前迭代次数，算法当前迭代次数容易表征算法不同阶段，函数值为视野和步长系数。这样只要构造出合适的函数即可实现视野和步长随着算法执行的不同阶段而变化的要求。

1.5.2　进化策略解决算法收敛效率问题

针对人工鱼群体分散、适应度较高个体的比例低、寻优效率不高的问题，采用进化策略，增大高适应度人工鱼个体的比例，降低适应度较低个体的比例，从而提高群体的整体适应度，提高寻优效率。进化策略包含了基于无性生殖方式的淘汰与克隆机制和基于有性生殖方式的权值可调重组法。

（1）淘汰与克隆机制

在人工鱼寻优过程中，每完成一次迭代后，对更新后的人工鱼个体依据其适应度函数值，对其进行排序。按照设定的比例，选择适应最低的这一部分人工鱼个体，视为劣化个体，作为淘汰对象。同时选择相同数量的适应度值最高的这部分个体，视为精英个体，作为克隆对象。通过对精英个体的克隆和劣化个体的淘汰操作，提升了整个群体的适应度水平，同时群体规模没有发生变化。与生物克隆原理相同，过度的淘汰与克隆操作，会导致人工鱼群体多样性被破坏，群体对寻优空间的了解能力会降低。为防止人工鱼个体趋同后集中在局部最优邻域进行寻优，可设定克隆操作的频率和阶段，同时对克隆个体的数量进行控制和动态调整。

（2）权值可调重组法

为避免淘汰与克隆机制的弊端，将进化策略中的重组、变异和选择算子与人工鱼群算法相结合，在中间重组的基础上提出了一种新的权值可调重组法，作为子代鱼群的生成方式。算法在每次迭代过程中除了对每条人工鱼个体分别执行觅食、追尾、聚群和随机行为，还对人工鱼群体进行重组、变异和选择操作，实现人工鱼群体的更新。权值可调重组法保证具有较高适应度的人工鱼个体将优良特性传给下一代人工鱼，避免了淘汰与克隆机制的过度执行，保证了群体多样性，又充分提高个体适应度，提高算法收敛效率。

1.5.3　混合人工鱼群算法研究

在人工鱼四种基本行为的基础上，引入人工鱼的跳跃行为，有助于人工鱼跳出局部最优，提高全局收敛能力。将进化鱼群算法与分段自适应鱼群算法相结合，提高算法收敛速度和寻优效率，提高全局最优解精度。在采用分段自适应函数改进算法参数的基础上，结合进化鱼群算法有效人工鱼比例高的特点，快速提高收敛效率，形成带有淘汰与克隆机制的分段自适应鱼群算法，以及基于有性生殖的分段自适应鱼群算法，进一步提升算法性能。以粒子群算法为例，研究其他智能算法与鱼群算法相融合的混合人工鱼群算法。

1.6　本书结构

本书针对人工鱼群算法存在后期收敛速度降低、最优解精度不高、摆脱局部最优能力下降等不足进行改进研究；通过构造分段自适应函数对算法参数进行分段自适应改进，引入进化思想，采用淘汰与克隆机制和权值可调重组法等方式对人工鱼群算法进行改进；进行混合鱼群算法改进研究，利用多种改进措施充分提高算法性能；根据问题性质，掌握算法改进方案的作用机理，应用合适的混合改进方案，达到算法性能提高的目的。具体章节主要内容如下：

第 1 章综述优化问题、优化技术的发展历程，介绍课题研究现状与背景以及主要采取的研究方法与本书的整体布局。

第 2 章对人工鱼群算法的主要参数作用机理及其影响进行分析，根据实验结果总结人工鱼群算法参数的作用效果及参数设置的一般方法与规律。

第 3 章针对基本鱼群算法中视野和步长固定、收敛速度和解的精度难以兼顾的问题，提出了一种分段自适应函数法解决固定视野和步长的不足。设计一种分段自适应函数的方法来改进算法，该函数自变量为算法迭代次数，函数值为视野和步长系数。分别构造了幂函数、指数函数和线性函数三种不同类型的衰减函数，实现视野和步长随着算法执行的不同阶段变化的期望。

第 4 章将生物进化思想引入人工鱼群算法，分别采用基于无性生殖的淘汰与克隆机制以及基于有性生殖的权值可调重组法对鱼群算法进行改进，解决人工鱼群体分散，适应度较高个体的比例低，造成寻优效率不高的问题。同时提出了有效人工鱼和精英鱼群的概念，通过进化策略改进，有效人工鱼个体比例得到大幅提高。

第 5 章引入人工鱼的跳跃行为，有助于人工鱼跳出局部最优，提高全局收敛能力。将分段自适应函数和生物进化思想相结合，形成混合鱼群算法。研究基于粒子群算法的混合人工鱼群算法，并分别进行算法分析，得出相互机理不同的原因。

第 6 章将改进后的鱼群算法应用于路径规划和参数优化。

第 7 章总结本书的主要研究工作，并指出进一步的研究方向和趋势。

2 人工鱼群算法研究基础

近年来,新兴的启发式算法,特别是吸收了自然进化和群体协作思想的元启发式算法在全球学术界再次掀起新的研究热潮,受到众多学者的关注和追踪[26]。

2.1 人工鱼群算法的基本原理

李晓磊等通过对生物鱼类群体的相关行为特性进行观察和总结研究,在此基础上模拟鱼类群体的相互社会行为,提出了人工鱼群算法。人工鱼群算法的优点主要体现在对人工鱼个体适应度高低的相互比较不依赖于优化对象本身的特点,算法参数的设置对算法性能的影响不是特别显著,个例情况除外[3,12,71]。

2.1.1 人工鱼群算法的模型

基于生物行为的人工智能模式与经典人工智能模式是不同的,它是基于自下而上的设计方法。首先设计单个实体的行为感知模式,然后将个体或群体置于环境中,在其与环境交互过程中解决问题。其表现出的智能特征是:内嵌性、物化性、自治性和突现性。自治体通常不具备高级智能,但它们的集群活动表现出高级智能才能达到的活动,这种现象称为群集智能。只有具有社会性特征的群居生物个体合作进行某些活动时才会产生群集智能现象,如昆虫、鸟类、鱼类、微生物等。

人工鱼是生物鱼个体的抽象,包含了鱼类的行为特点和对环境的反应行为,人工鱼可通过感官接受环境信息,并能对信息做出相应的反应,同时人工鱼个体也可通过自身的行为影响其他人工鱼个体的行为。人工鱼对环境的感知,是通过自身的"视觉"来实现,由于生物鱼视觉系统较为复杂,在进行人工鱼视觉仿生时,采用了"视野"这一概念。图 2-1 所示为人工鱼个体的视觉模拟。人工鱼个体当前状态为 $X=(x_1,x_2,\cdots,x_n)$,最大视野为 Visual,某时刻在其视野范围内随机选择一个状态 $X_V=(x_{1V},x_{2V},\cdots,x_{nV})$,若该状态 X_V 优于状态 X,则人工鱼朝状态 X_V 随机移动一步,到达状态 X_{next};反之,则继续在其视野范围内尝试随机选择其他状态。人工鱼尝试次数越多，人工鱼越能全面了解视野范围内的环境信息，有助于自身做出正确的行为决策。当然巡视次数也不能无限增加，这不符合生物鱼类的实际行为，保留人工鱼不确定的局部寻优，有利于人工鱼对全局最优的搜寻[12,71]。

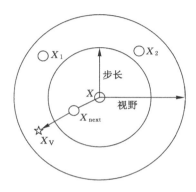

图 2-1　人工鱼个体的视觉模拟

2.1.2　人工鱼的行为模式

在一个 d 维搜索空间中有 N 条人工鱼，人工鱼的状态位置用向量 $\boldsymbol{X} = (x_1, x_2, \cdots, x_d)$ 表示，$\|X_i - X_j\|$ 表示人工鱼个体两两之间的空间距离，人工鱼群体在搜索空间的拥挤程度采用拥挤度因子 δ 来表示，人工鱼所在位置食物浓度为 $Y = f(X)$。人工鱼个体的四种行为方式是人工鱼群算法模型的核心思想。

（1）觅食行为

觅食是所有动物与生俱来的本能，是生物存在和进化的基础。鱼类当然也天生具备觅食本能，当发现食物浓度较高的区域时，会本能地朝向该区域游动。人工鱼的觅食过程也就是模拟生物鱼类发现食物、靠近食物的过程。

当前人工鱼 i 状态为 X_i，在其视野范围内随机选择一个新状态 X_j，该状态表示为：

$$X_j = X_i + \text{Visual} * \text{Rand}() \tag{2-1}$$

Rand() 是介于 -1 和 1 之间服从均匀分布的随机数。如果状态 X_j 处的食物浓度高于状态 X_i 处，人工鱼 i 则朝状态 X_j 方向移动一步，即为人工鱼的觅食行为，如式（2-2）所示。

$$X_i^{t+1} = X_i^t + \frac{X_j - X_i^t}{\|X_j - X_i^t\|} * \text{step} * \text{Rand}() \tag{2-2}$$

如果状态 X_j 不优于状态 X_i，则继续尝试选择新的状态 X_j。反复尝试 try_num 次，达到最大觅食次数后，人工鱼的觅食行为失败，执行随机行为，如式（2-6）所示。

伪代码表示为：

```
prey( )
float    Artificial fish
{
    For (i＝0，i＜Try_number，i＋＋)
    {
        X_j = X_i + Visual * Rand() ;
        If( Y_i < Y_j )
            X_{i/next} = X_i + \frac{X_t - X_i}{‖ X_j - X_i ‖} * step * Rand() ;
        else
            X_{i/next} = X_i + step * Rand() ;
    }
    Return AF food consistence( X_{i/next} );
}
```

（2）聚群行为

生物鱼类群体天生具有聚群行为，在其生存环境中遇到天敌和进行觅食时，会为了提高生存概率和觅食效率，进行聚群协作。鱼类个体聚集成群是一种典型的群居行为表现，每条鱼遵循其内部的行为准则，集群现象作为整体模式从个体相互行为的综合中突现出来，群体的聚群协作无须领导者。

状态为 X_i 的人工鱼，在 $d_{i,j} <$ Visual 范围内统计其他人工鱼个体数目 n_f，并求出其平均状态 X_C。

$$X_C = \frac{\sum_{i=1}^{n_f} X_i}{n_f} \qquad (2\text{-}3)$$

若 $Y_C/n_f > \delta * Y_i$ 成立，则在寻优空间内，状态 X_C 处可获得较高的适应度，且可容纳较多的人工鱼个体，人工鱼个体可朝向状态 X_C 处聚集，否则继续觅食。

$$X_i^{t+1} = X_i^1 + \frac{X_C - X_i^t}{‖ X_C - X_i^t ‖} * step * Rand() \qquad (2\text{-}4)$$

伪代码为：

```
AF swarm( )
Float Artificial fish
{
    n_f = 0; X_C = 0;
For(j=0; j<friend_number; j++)
    {
        If( d_{i,j} < Visual)
        { n_f ++; X_C += X_j }
```

$$X_C = \frac{X_C}{n_f}$$

```
If( Y_C/n_f > δ * Y_i )
```

$$X_{i/next} = X_i + \frac{X_C - X_i}{\| X_C - X_i \|} * step * Rand();$$

```
        else
            AF prey( );
        }
    Return AF food consistence( X_{i/next} );
}
```

（3）追尾行为

鱼类群体由于对食物趋向和远离天敌的天性，当群体中部分个体朝某一方向移动时，其他个体会跟随其移动。

状态为 X_i 的人工鱼，在 $d_{i,j} <$ Visual 范围内统计其他人工鱼个体数目 n_f，并在此范围内找出适应度最高的个体 X_j，其适应度值为 Y_j。若 $Y_j/n_f > δ * Y_i$，则在寻优空间中 X_j 处适应度较高，尚存在可以继续聚群的空间，人工鱼可向 X_j 处移动，否则继续觅食。

$$X_i^{t+1} = X_i^1 + \frac{X_j - X_i^t}{\| X_j - X_i^t \|} * step * Rand() \tag{2-5}$$

伪代码为：

Float Artificial_fish AF_follow( )

```
{
    Y_max = -∞;
    For(j=0, j<friend_number;j++)
        {
            If( d_{i,j} < Visual && Y_j > Y_max )
            { Y_max = Y_j, X_max = X_j; }
            n_f = 0;
            If( Y_j/n_f > δ * Y_i )
                X_{i/next} = X_i + (X_max − X_i)/‖X_max − X_i‖ * step * Rand();
            else
            AF_prey();
        }
    Return AF_food consistence( X_{i/next} );
}
```

（4）随机行为

人工鱼在觅食行为达到最大次数后，适应度仍然没有提高的情况下执行该行为，即人工鱼随机游动至其视野内的某一状态，此状态作为自身的下一状态，如式（2-6）所示。随机行为有助于人工鱼跳出局部最优，前往全局最优解。

$$X_i^{t+1} = X_i^t + Visual * Rand() \tag{2-6}$$

2.2　人工鱼群算法参数分析

人工鱼群算法的参数虽然具有一定的鲁棒性，但合理地设置参数能最大限度地提高算法性能。对算法参数作用机理的分析，是改进算法、提高算法性能的基础。人工鱼群算法的基本参数包括：人工鱼种群规模 N、视野 Visual、步长 step、觅食行为尝试次数 try_num、拥挤度因子 $δ$。函数 F_1 在（0,0）处有唯一极大值 1，周围分布着一些局部最优值。

以函数 F_1 为例，研究人工鱼群算法参数变化对算法性能的影响。实验平台：CPU i3-2330M2.2GHz，RAM 2G，操作系统 Windows7，仿真软件：Matlab。

$$F_1(x,y) = \frac{\sin x}{x} * \frac{\sin y}{y}, \quad -10 \leqslant x,y \leqslant 10 \tag{2-7}$$

2.2.1 人工鱼种群规模

人工鱼种群规模越大，寻优空间中人工鱼个体的密度也越高，人工鱼到达最优解的概率就增大，促进其摆脱局部极值的干扰。在算法执行过程中，人工鱼种群规模越大，人工鱼个体在寻优空间的分布就越密集，对寻优空间的了解就越全面。在其他条件不变的前提下，较高的人工鱼密度，既能促进人工鱼的局部搜索，又能对全局充分了解，提高算法的全局收敛性和解的精度，但会增加运算存储空间，提高算法复杂度。在实际应用过程中，满足精度要求的前提条件下，应采用较小的人工鱼种群规模。算法参数设置为：Visual＝2，step＝1，try_num＝10，ITtime＝10，δ＝0.618，种群规模分别取 N＝10、40、60，独立进行 10 次对比研究，测试结果如表 2-1 所示。

表 2-1　不同种群规模仿真对比

种群规模	最优值	时间/s	最差值	时间/s	平均值
10	0.998 8	0.059 265	0.988 8	0.063 085	0.995 27
40	1.000 0	0.157 109	0.997 2	0.161 015	0.999 18
60	1.000 0	0.324 970	0.999 1	0.272 316	0.999 66

随着人工鱼种群规模的扩大，人工鱼在搜索空间的分布密度增大。由图2-2可知，当人工鱼种群规模增大后，初始人工鱼中最优个体的适应度高于种群规模较小时的初始人工鱼最优个体的适应度。人工鱼种群规模增大，在每一步迭代中出现更优个体的概率提高，促使算法收敛速度加快，在较少的迭代次数内达到

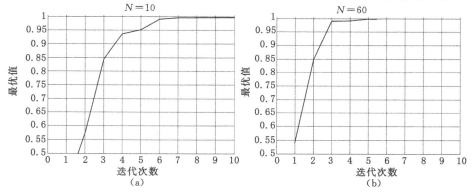

图 2-2　人工鱼种群规模变化收敛对比

较高的适应度。由表 2-1 可知,随着人工鱼种群规模的扩大,最优解精度提高,但算法复杂程度增加,相同的迭代次数内算法耗时也增加。

2.2.2 人工鱼的视野

人工鱼个体对寻优环境的感知是通过自身的"视觉感知"实现。视野大小决定人工鱼的感知和搜索范围,较大的视野能使人工鱼对周围的环境和伙伴有充分的了解。视野较大,人工鱼巡视的范围较广,发现食物浓度较高区域的概率也较高,此时配合较大的步长,人工鱼能快速向该区域聚集,对收敛速度有利。在算法后期,人工鱼在前期快速移动的基础上聚集到全局最优和局部最优邻域。人工鱼如果仍然以较大的视野进行巡视和移动,人工鱼可能会错过食物浓度最高的区域,无法进行有效觅食,导致随机行为增加,算法复杂度提高,出现振荡现象。算法参数设置为:种群规模 $N=50$,人工鱼步长 step$=1$,觅食尝试次数 try_num$=10$,最大迭代次数 ITimes$=10$,拥挤度因子 $\delta=0.618$,视野分别取 Visual$=1$、2、4,独立进行 10 次对比研究,测试结果如表 2-2 和图 2-3 所示。

表 2-2 不同视野仿真对比

视野	最优值	时间/s	最差值	时间/s	平均值
1	0.999 9	0.201 202	0.998 2	0.208 642	0.999 67
2	0.999 9	0.230 044	0.997 6	0.234 571	0.999 39
4	0.999 8	0.229 947	0.996 3	0.213 582	0.998 96

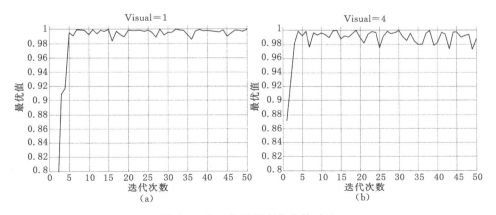

图 2-3 人工鱼视野变化收敛对比

由图 2-3 可知,人工鱼视野变化对收敛速度影响不明显。算法后期人工鱼聚集在全局最优邻域,视野过大,人工鱼无法进行有效觅食,在最优解处产生振荡现象,视野越大振荡现象越明显。由表 2-2 可知,视野变化对算法运行时间基本没有影响。随着视野增大,解的精度下降,也与图 2-3 的振荡变化相吻合。

2.2.3 人工鱼的步长

步长较大,人工鱼移动的范围大,有利于快速收敛,但步长过大会出现人工鱼越过全局最优点的现象,反而不利于收敛。尤其在算法后期,大量人工鱼聚集在全局最优邻域,较大的步长会导致人工鱼移动过快,不能进行精确搜索。由觅食行为定义可知,移动步长小,有利于精确搜索,但不利于快速搜索,移动速度慢,会导致人工鱼陷入局部最优。因此如何选择合理的步长,使步长在算法不同阶段进行自适应地调整也是研究内容之一。算法参数设置为:人工鱼种群规模 $N=30$,视野 Visual$=3$,觅食尝试次数 try_num$=10$,最大迭代次数 ITimes$=25$,拥挤度因子 $\delta=0.618$,步长分别取 step$=0.15$、1、3,独立进行 10 次对比研究,测试结果如表 2-3 和图 2-4 所示。

表 2-3　不同步长仿真对比

步长	最优值	时间/s	最差值	时间/s	平均值
0.15	1.000 0	0.248 191	0.907 4	0.246 266	0.990 52
1	1.000 0	0.255 482	0.998 3	0.292 976	0.999 41
3	0.999 5	0.257 797	0.997 5	0.250 782	0.998 93

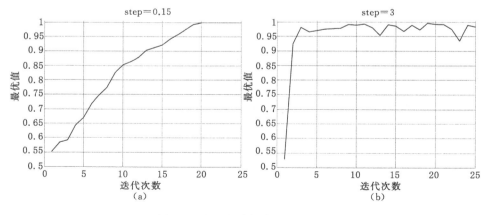

图 2-4　人工鱼步长变化收敛对比

由图 2-4 可知,人工鱼步长较小时,收敛速度慢,最优解波动小,若迭代次数不够多,则有可能陷入局部最优。当步长较大时,人工鱼收敛速度较快。虽然人工鱼能快速到达最优解邻域,但由于步长过大,不能精确搜索,在最优解邻域产生了振荡现象。由表 2-3 可知,步长小时人工鱼搜索到的解的精度高,但过小的步长会导致陷入局部最优,算法稳定性差。步长大时人工鱼容易越过局部最优,算法稳定性提高,但由于步长大引起振荡,导致搜索到的解精度不高。

2.2.4 觅食行为尝试次数

局部最优明显,而全局最优隐蔽时,较少的觅食尝试次数降低了觅食成功的概率,促进人工鱼的随机行为,提高跳出局部最优的能力。反之,增加尝试次数可以减少人工鱼的随机游走,提高收敛效率。算法参数设置为:种群规模 $N=20$,人工鱼视野 Visual$=2$,步长 step$=1$,最大迭代次数 ITimes$=10$,拥挤度因子 $\delta=0.618$,觅食尝试次数分别取 try_num$=5$、50、100,独立进行 10 次对比研究,测试结果如表 2-4 和图 2-5 所示。

表 2-4　不同觅食尝试次数仿真对比

尝试次数	最优值	时间/s	最差值	时间/s	平均值
5	1.000 0	0.076 474	0.971 1	0.087 462	0.992 52
50	0.999 9	0.116 852	0.996 7	0.119 962	0.999 43
100	1.000 0	0.145 934	0.128 4	0.145 963	0.912 45

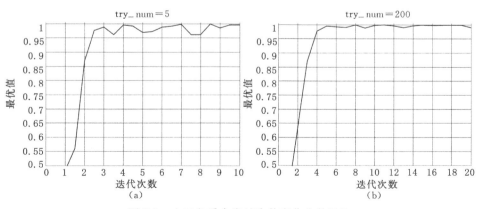

图 2-5　人工鱼觅食尝试次数变化收敛对比

由图 2-5 可知,人工鱼觅食尝试次数增大,最优解波动的概率、波动幅度降低。人工鱼觅食次数较少时,觅食成功率下降,导致人工鱼个体行为方式多为随机行为,出现振荡现象。由表 2-4 可知,觅食尝试次数增加,算法所需时间增加,因为人工鱼觅食失败时会一直尝试,直到达到设定的次数,耗费的时间增加。表 2-4 中,当尝试次数为 100 时,出现了一次陷入局部最优。觅食次数过多,在局部极值突出时,人工鱼反复尝试觅食,被局部最优干扰,导致陷入局部最优。觅食尝试次数过少,导致成功觅食的概率下降,觅食成功是算法收敛的基础,过多的随机行为,甚至产生振荡现象,因此解的精度不高。

2.2.5 拥挤度因子

文献[3]对拥挤度因子的作用机理和影响进行了详细研究,得出如下结论:单独变化拥挤度因子不对算法的收敛性能造成明显影响,目前也没有通过对此参数的改进来提高算法性能的方法。选取 5 组不同拥挤度因子进行对比研究。算法参数设置为:种群规模 $N=40$,人工鱼视野 Visual$=2$,步长 step$=1$,最大迭代次数 ITimes$=20$,觅食尝试次数 try_num$=20$,拥挤度因子分别取 $\delta=0.2$、0.618、1、10、50,独立进行 10 次对比研究,测试结果如表 2-5 和图 2-6 所示。

表 2-5   不同拥挤度因子仿真对比

拥挤度因子	最优值	时间/s	最差值	时间/s	平均值
0.2	1.000 0	0.275 951	0.999 3	0.300 640	0.999 79
0.618	1.000 0	0.323 495	0.998 7	0.371 485	0.999 76
1	1.000 0	0.355 99	0.999 4	0.353 391	0.999 74
10	1.000 0	0.333 519	0.999 5	0.347 581	0.999 70
50	1.000 0	0.347 962	0.998 8	0.344 677	0.999 69

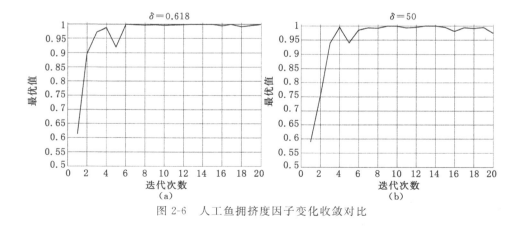

图 2-6   人工鱼拥挤度因子变化收敛对比

由图 2-6 可知,人工鱼拥挤度因子大幅变化后,算法收敛性能未有显著影响。由表 2-5 可知,人工鱼拥挤度因子经过大范围变化后,最优解的精度、跳出局部最优的能力、运行所需时间等指标也未有显著变化。

2.3 人工鱼群算法参数设置一般原则

由上述分析可知,人工鱼群算法参数设置的一般指导性原则如下:

(1)种群规模越大,需要的系统资源和运行时间越多。因此在系统资源和运行时间允许的前提下,尽量采用较大的种群规模,有助于提高最优解的精度和跳出局部最优的能力。

(2)人工鱼的视野主要影响人工鱼的觅食情况,为了能尽可能了解寻优空间的信息,应采用较大的视野。视野较大会造成寻优精度下降的问题,这也是下文研究解决的问题之一。

(3)人工鱼的步长往往都是与其视野相适应,视野增大,步长也应随之增大,否则收敛速度会较慢,但最优解精度会下降。而步长较小收敛速度降低,存在陷入局部最优的情况。因此与人工鱼的视野相对应,设置较大的步长,造成的最优解精度和收敛速度的矛盾也是下文研究内容之一。

(4)过多的觅食尝试次数,导致人工鱼会被局部最优纠缠,造成算法早熟和寻优时间增加。较少的觅食次数会降低人工鱼个体觅食成功的概率,导致较多的随机行为,不利于算法收敛。因此在局部最优不突出、算法复杂度要求不高的情况下,可设置较大觅食次数,提高算法收敛效率。在绝大多数情况下人工鱼的觅食尝试次数均不超过 100 次,一般为 5~50 次。

(5)由于在多次实验以及对最新的参考文献的查阅中均未发现拥挤度因子对算法结果产生显著影响,因此对于该参数按照实验结果以及其他文献的情况综合,一般设置为典型值 0.618[3,12]。

2.4 人工鱼群算法的统一框架理论

与人工鱼群算法的大量应用相比,关于人工鱼群算法理论本身的研究进展较缓,鱼群算法的主要理论研究体现在算法的各种改进措施上。目前在统一框架理论下人工鱼群算法的框架涵盖面比较窄[173]。

2.4.1 群体智能统一框架概述

对于每一种具体的群体智能优化(population-based intelligent optimization，PIO)算法，其搜索策略主要根据算法自身的操作和算法参数确定。目前各种智能算法的原理基本都是抽象于各种群居生物，其操作机制和相关参数根据其仿生对象来确定。参考鱼群算法的搜索机制，各种智能算法的寻优过程及方式可总结为群体协作、自我适应和竞争三个要素，如图 2-7 所示。其中，"群体协作"表示群体中的每个个体在寻优过程中的相互信息交互以及群体内部的相互协作，且这种协作无须领导者。"自我适应"是每个个体通过自身的行为实现自身适应度的提高，依靠在"群体协作"过程中的行为来实现。"竞争"即为通过适应度的比较选择较优个体，较优个体在寻优过程中能占据更有利位置。任何一种群体智能优化算法均具有上述三个要素，不断重复进行即进行反复迭代，直到在其寻优空间中找到最优状态的位置，即全局最优。对于某一具体的群体智能优化算法，这三个要素的表现形式可能不同，但其本质仍然可以归纳为"协作""自我适应"和"竞争"这三个要素。对群体智能优化算法的理论研究和算法性能改进措施方面的研究，也是基于这个三个基本要素。

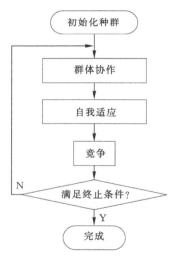

图 2-7　群体智能优化算法的一般流程

2.4.2　群体智能优化统一框架

基于上述 PIO 算法的一般流程，PIO 算法统一框架的数学描述可表示为：

$$PIO = (Pop, S, A, C, \alpha, \beta, \gamma, t) \tag{2-8}$$

$$Pop = (pop_1, pop_2, \cdots, pop_N) \tag{2-9}$$

其中，$Pop = (pop_1, pop_2, \cdots, pop_N)$ 表示种群，其种群规模为 N，S 代表协作方

式，α 表示种群中个体进行协作时所需的信息和交互方式，A 表示自我适应部分，β 表示更新过程中个体所需的信息，C 表示竞争部分，γ 表示对个体进行选择时所需的信息，t 表示种群完成这三个要素的时间或所需的迭代次数。

（1）协作

协作是个体为满足更新与竞争的需要，按照算法机理进行相互信息交换和无领导合作方式的过程，协作过程的要素包含了其他参与协作过程的信息提供者 sway，以及群体中包含的历史信息的使用方式 shis。协作过程符号化表示为：

$$S(\text{Pop}^t, \alpha^t) \tag{2-10}$$

$$\alpha^t = [\text{schoi}, \text{snum}, \text{sway}, \text{shis}] \tag{2-11}$$

其中，Pop^t 为 t 时刻的种群或第 t 代种群，$\alpha^t = [\text{schoi}, \text{snum}, \text{sway}, \text{shis}]$ 为某种协作策略所包含的全部信息。

（2）自我适应

更新代表个体通过协作改变自身状态，提高自身适应度的过程。个体的自我适应和更新是在寻优空间中通过集中搜索和分散搜索两种行为来实现的。个体在寻优空间通过加强对局部最优邻域的精细化搜索，提高自身适应度的方法即为集中搜索。个体为克服局部最优的干扰，在寻优空间中扩大搜索范围，避免算法早熟的行为即为分散搜索。因此，更新方式一般是在群智能优化算法中对局部寻优行为和全局寻优行为进行平衡。自我更新过程可表示为：

$$A(\text{Pop}^t, \beta^t) \tag{2-12}$$

其中，β^t 表示自我适应过程中的信息综合。通过个体的相互协作和自我适应，实现了种群中个体的更新，即：

$$O^t = A(S(\text{Pop}^t, \alpha^t), \beta^t) \tag{2-13}$$

其中，O^t 表示 t 时刻时的种群，或第 t 代个体的集合。

（3）竞争

竞争即通过一定的方式和标准生成下一代个体。选择操作是在完成了备选新个体组成新的备选种群后才能在备选种群中选择下一代个体。竞争环节需要的参数和策略主要有种群规模 N、选择策略 r。在群体智能优化研究中，一般采用的种群规模是固定的。少数改进种群智能优化算法中存在种群变化的情况，但在具体的某一次操作或迭代过程中其种群数量肯定是确定的。因此广义上讲，群体智能优化算法的种群规模是固定的。在选择操作中，存在不同的选择方法。在 $(\mu + \lambda)-\text{ES}$ 模式中，由 μ 个父代通过重组和变异，生成 λ 个子代，且父代和子代同时参与适应度选择，选出适应度最高的 μ 个个体作为下一代种群。在 $(\mu, \lambda)-\text{ES}$ 模式中，由 μ 个父代生成 λ 个子代，且只有子代参与适应度选择，

选出适应度最高的 μ 个个体作为下一代种群,完全替代了原来的 μ 个父代个体。下一代个体选择方式如式(2-14)所示:

$$\text{Pop}^{t+1} = C(\text{Pop}^t, O^t, \gamma^t) \tag{2-14}$$

$$\gamma^t = [p, r, \text{elitist}] \tag{2-15}$$

其中,Pop^{t+1} 表示在 $t+1$ 时刻产生的新种群,$\gamma^t = [p, r, \text{elitist}]$ 表示确定某具体竞争策略所需的信息。

由上述分析可知,基于统一框架的群体智能算法种群更新可表示为:

$$\text{Pop}^{t+1} = C\{\text{Pop}^t, A[S(\text{Pop}^t, \alpha^t), \beta^t], \gamma^t\} \tag{2-16}$$

2.4.3 智能优化统一框架下鱼群算法的描述

人工鱼群算法是建立在生物鱼类群体行为的仿生研究基础上的。通过对鱼类的觅食、聚群、追尾等行为进行模拟,构成人工鱼群体智能优化方法。因此,人工鱼群算法也具备一般群体智能优化算法的特征,即鱼群算法也具有协作、自我适应和竞争这个三个要素。根据鱼群算法这一典型特征,也可在统一框架下对人工鱼群算法进行描述。标准人工鱼群算法流程如图 2-8 所示。

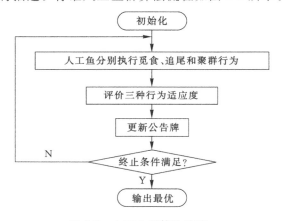

图 2-8　人工鱼群算法流程

对于群体协作,每条人工鱼在寻优过程中会主动向鱼群中心聚拢或尾随适应度高于自身的人工鱼个体,并形成群集效应。其他人工鱼也会尾随较优个体或向群体中心聚拢,从而使人工鱼群算法(AFSA)中每条人工鱼个体都与整个鱼群中的人工鱼进行协作和学习。协作的方式取决于不同行为的执行效果。构造人工鱼协作所需的信息 α^t 可表示为:

$$\alpha^t = [\text{鱼群规模}, \text{觅食行为}, \text{追尾行为}, \text{聚群行为}] \tag{2-17}$$

AFSA 算法中人工鱼个体的自我适应是通过对不同行为的比较,选择最优行为或较优行为来决定人工鱼个体下一步的行为方式。

$$\beta' = [\text{行为评价}] \tag{2-18}$$

AFSA 算法中解的选择是根据在极大值附近的人工鱼群的中心来确定的,而此中心会随着鱼群的移动而变化,在迭代结束时有可能错过最优解。因此采用公告牌来记录最优人工鱼的状态。在寻优过程中,每进行过一次迭代,人工鱼行动完成后,评价自身适应度并与公告牌相比较,判断是否需更新公告牌,若不满足更新条件,则维持公告牌状态不变。

$$\gamma' = [(\mu = \gamma), \text{更新公告牌}] \tag{2-19}$$

3 基于分段自适应函数的人工鱼群算法

在参数设置合理的情况下,标准人工鱼群算法在算法初始阶段具有较强的搜索能力,但算法在执行后期,搜索能力弱化,易陷入局部最优,最优解精度也不高。本章提出一种新的改进鱼群算法,设计出一种分段自适应函数系数,对人工鱼视野和步长进行改进。采用分段自适应函数法改进后,人工鱼的视野和步长在自适应函数系数的作用下,使其大小变化与算法不同执行阶段的参数要求相适应,提高算法最优解的精度[73]。

3.1 人工鱼视野和步长改进的背景

虽然基本人工鱼群算法参数的设置具有一定的鲁棒性,但对算法性能的充分发挥还有一定的束缚性。当寻优区域过大或过小、人工鱼的视野和步长是常量时,会导致收敛速度和最优解精度不能兼顾的矛盾。

3.1.1 视野和步长改进的基础分析

在基本人工鱼群算法中,人工鱼的视野和步长是常量。由前章对人工鱼群算法参数的作用效果分析可知,视野和步长是人工鱼群算法的关键参数,对算法性能影响较为显著。在算法执行过程中,人工鱼的视野和步长设置为常量时,会存在设置过大或过小两种可能。人工鱼视野和步长过大时,算法前期在聚群行为和追尾行为的作用下人工鱼能快速向最优解邻域聚集。算法后期,视野和步长过大,人工鱼个体出现觅食障碍,产生振荡现象。视野和步长设置过小时,人工鱼的觅食行为占据主导,移动速度较慢,若迭代次数不够,会出现无法收敛的现象。算法后期,由于视野和步长较小,人工鱼可能不能发现全局最优,也无法向其聚集,导致被局部最优干扰。因此,人工鱼视野过大或过小,都会对寻优效果造成影响,出现收敛速度和解的精度不能兼顾的矛盾。

状态为 X_i 的人工鱼进行觅食时,首先在其视野范围内随机选择一个状态 X_j,该状态如式(3-1)所示。由式(3-1)可知,人工鱼个体能否成功觅食,觅食质量高低与视野 Visual 的值有很大关系。

$$X_j = X_i + \text{Visual} * \text{Rand}() \tag{3-1}$$

如果状态 X_j 优于状态 X_i，则人工鱼朝状态 X_j 方向移动一步。人工鱼在向优于当前状态位置前进过程中，步长参数 step 决定了其移动的距离，步长过小，移动速度慢，收敛速度低，甚至陷入局部最优；步长过大，不能充分接近最优解，容易越过最优解邻域，造成最优解精度降低。

$$X_i^{t+1} = X_i^t + \frac{X_j - X_i^t}{\| X_j - X_i^t \|} * \text{step} * \text{Rand}() \tag{3-2}$$

若在觅食尝试 try_num 次数内，人工鱼仍然不能成功觅食，则随机移动一步。如式(3-3)所示，随机移动有助于跳出局部最优，但对有效觅食不利，因为觅食是算法收敛的基础。

$$X_i^{t+1} = X_i^t + \text{Visual} * \text{Rand}() \tag{3-3}$$

3.1.2 仿真分析

函数 F_2 为一个典型的局部极值问题，在(0,0)处取得全局最优，且全局最优处较为尖锐，对步长要求较高，局部最优较为明显，局部最优值为 2 748.782 3。函数 F_3 在(0,0)处取得全局最优，函数最小值为 0，周围分布着密集的局部最优。为了使对比结果更加明显，尽量设置较少的迭代次数。

$$F_2(x,y) = \left[\frac{3}{0.05 + (x^2 + y^2)}\right]^2 + (x^2 + y^2)^2, -5.12 \leqslant x, y \leqslant 5.12 \tag{3-4}$$

$$F_3(x,y) = 20 + \left[x^2 - 10\cos(2\pi x)\right] + \left[y^2 - 10\cos(2\pi y)\right],$$
$$-10 \leqslant x, y \leqslant 10 \tag{3-5}$$

分别采用函数 F_1、F_2 和 F_3 对基本人工鱼群算法进行性能测试。仿真条件同上，算法参数如表 3-1 所示。

表 3-1　基本人工鱼群算法参数

函数	鱼群规模	迭代次数	视野	步长	觅食尝试次数	拥挤度因子
F_1	40	20	2	1	10	0.618
F_2	100	80	1	0.2	10	0.618
F_3	100	50	3	1	10	0.618

分别对函数 F_1、F_2 和 F_3 进行 10 次仿真，所得结果如表 3-2 所示。

为进一步说明人工鱼群算法的有效性，采用基本粒子群算法(PSO)分别对函数 F_1、F_2 和 F_3 进行对比验证研究，算法参数如表 3-3 所示，测试结果如表 3-4

所示。为了使对比效果更加合理,算法相似参数设置为相同值,包括种群规模、迭代次数。最大速度分别与基本人工鱼群算法的鱼群规模、迭代次数和步长相一致。

表 3-2　基本人工鱼群算法测试结果

函数	F_1		F_2		F_3	
次数	函数值	时间/s	函数值	时间/s	函数值	时间/s
1	0.998 9	0.291 3	3 591.3	3.156 5	$5.999\ 1\times10^{-4}$	1.911 7
2	1.000 0	0.288 5	3 588.7	3.109 6	$1.256\ 0\times10^{-4}$	1.984 3
3	0.999 9	0.293 5	3 597.7	3.200 1	0.001 3	1.955 4
4	0.999 7	0.292 6	3 599.9	3.142 7	$7.765\ 0\times10^{-4}$	1.905 1
5	0.999 8	0.299 1	3 596.2	3.100 7	$7.703\ 3\times10^{-5}$	1.885 9
6	0.999 7	0.287 0	3 599.5	3.154 8	0.002 2	1.914 2
7	0.999 9	0.308 2	3 599.3	3.200 0	$2.480\ 7\times10^{-4}$	1.915 5
8	1.000 0	0.302 0	3 597.7	3.151 1	$1.531\ 7\times10^{-4}$	1.984 2
9	0.999 8	0.287 0	3 597.2	3.208 3	$3.649\ 2\times10^{-4}$	2.019 3
10	0.999 9	0.296 4	3 589.5	3.135 9	$7.139\ 4\times10^{-4}$	1.902 6

由表 3-2 可知,基本人工鱼群算法能有效求解多维非线性多峰函数的极值,但并不是每一次都能求出理论极值,解的精度还有提升空间。当优化函数较为复杂时,求解耗时增加明显,应寻求更优的策略,改进算法性能。对于函数 F_3,采用基本人工鱼群算法所得最优解还不稳定,波动区间较大,应对其进行改进,提升基本人工鱼群算法的稳定性。

表 3-3　基本粒子群算法参数

函数	种规模	迭代次数	学习因子 C_1	学习因子 C_2	最大速度	惯性权重
F_1	40	20	2	2	1	1
F_2	100	80	2	2	0.2	1
F_3	100	50	2	2	1	1

由表 3-2 和表 3-4 的测试结果可知,基本粒子群算法用时远小于人工鱼群算法,但这并不能说明基本粒子群算法优于人工鱼群算法,两种方法所需的测试时间都在可接受的范围内,绝对时间并不长。人工鱼群算法执行过程中是通过人工鱼执行四种行为方式以及执行结果的比较来寻优,导致消耗的时间增加。

由于算法机理的不同,造成了人工鱼群算法比基本粒子群算法需要更长的运行时间。

表 3-4　基本粒子群算法测试结果

函数	F_1		F_2		F_3	
次数	函数值	时间/s	函数值	时间/s	函数值	时间/s
1	0.998 8	0.009 5	3 599.6	0.092 7	0.004 6	0.032 6
2	0.999 2	0.010 3	2 748.8	0.061 7	0.002 5	0.037 6
3	0.999 9	0.010 0	2 748.8	0.056 4	0.004	0.039 7
4	0.999 9	0.009 6	3 598.8	0.053 8	$9.015\ 5\times10^{-1}$	0.036 6
5	0.999 9	0.009 7	2 748.8	0.053 2	$7.863\ 5\times10^{-5}$	0.038 6
6	1.000 0	0.009 6	3 600	0.051 0	0.007 5	0.053 0
7	0.999 7	0.010 0	3 600	0.049 6	0.011 7	0.036 6
8	1.000 0	0.009 8	3 480.3	0.056 5	$7.925\ 7\times10^{-4}$	0.035 5
9	0.999 9	0.009 7	3 597.6	0.051 0	$1.136\ 0\times10^{-4}$	0.035 9
10	0.998 8	0.009 7	2 748.8	0.050 0	0.006 5	0.036 5

　　在近似同等条件下,基本粒子群算法所求得解的精度不如基本人工鱼群算法,在函数 F_2 的测试中甚至多次出现陷入局部最优的现象。当迭代次数降低时,基本粒子群算法精度低于基本人工鱼群算法的现象会更加明显。表 3-5 为迭代次数减少到 10 次时,对函数 F_1 的测试对比。

表 3-5　人工鱼群算法与基本粒子群算法结果对比

算法	AFSA		PSO	
次数	函数值	时间/s	函数值	时间/s
1	0.999 9	0.173 7	0.999 4	0.008 0
2	0.999 9	0.164 4	0.995 1	0.007 6
3	0.999 5	0.164 8	0.999 7	0.006 9
4	0.999 9	0.166 9	1.000 0	0.007 1
5	0.998 0	0.167 9	0.999 4	0.008 1
6	0.998 4	0.162 2	0.999 8	0.006 9
7	0.999 6	0.168 8	0.999 5	0.007 0
8	0.999 9	0.161 1	0.992 1	0.007 4
9	0.999 1	0.163 3	0.997 3	0.007 0
10	0.999 9	0.166 2	0.994 8	0.006 9

对表 3-5 函数 F_1 测试结果进行置信度为 0.1 的方差分析。因 $F_{0.1}(1,18)=$ 3.006 98<$F_比$=3.526 4,所以两组测试结果数据具有显著差异,且基本人工鱼群算法所得结果均值优于基本粒子群算法。在较少的迭代次数内,人工鱼群算法仍然有较好的精度和稳定性,解的质量要高于基本粒子群算法。

3.1.3 视野和步长随机分布系数对人工鱼群算法的影响

在基本人工鱼群算法中人工鱼的视野和步长固定,但人工鱼个体在进行状态选择和移动时也不是按照固定的距离进行的,而是带有一个服从均匀分布的随机系数。若该随机系数不服从均匀分布,而是服从其他分布,如高斯分布,会对算法有什么影响?现以高斯分布为例,研究基本人工鱼群算法中视野和步长的随机系数的不同分布对算法性能的影响。

仍然采用表 3-1 中的参数分别对基本人工鱼群算法中的服从均匀分布、服从高斯分布的随机系数进行对比研究。基本人工鱼群算法中的随机系数服从 $[-1,1]$ 上的均匀分布,采用的高斯分布系数服从标准高斯分布,即 $(0,1)$ 分布,实验结果如表 3-6 所示。

表 3-6 高斯分布系数测试结果

次数	函数		
	F_1	F_2	F_3
1	0.998 7	3 553.0	0.002 9
2	0.999 0	3 593.8	0.021 1
3	0.999 8	3 571.3	0.005 5
4	0.997 7	3 599.3	0.001 1
5	0.999 7	3 521.4	0.001 2
6	0.998 9	3 575.2	0.002 2
7	0.998 6	3 587.5	$4.318\,6\times10^{-4}$
8	0.999 8	3 532.6	0.001 0
9	0.990 3	3 589.8	0.032 3
10	0.994 1	3 596.9	0.003 4

将表 3-6 所得实验数据分别与表 3-2 中基本人工鱼群算法的测试数据进行置信度为 0.05 的方差分析和结果比较。人工鱼群算法视野和步长的随机系数由均匀分布变为高斯分布后,函数 F_1 和 F_2 的方差分析 $F_比$ 分别为 4.594 39 和 7.127 89,均大于 $F_{0.05}(1,18)=4.413\,87$。测试结果表明,对于函数 F_1 和 F_2,当人工鱼的视野和步长的随机系数采用高斯分布后,算法性能出现显著下降。函

数 F_3 的测试结果没有显著差异,但对比实验结果发现,采用高斯分布后,算法的稳定性不如采用均匀分布时的稳定性,出现最优解精度大幅下降的概率急剧增加。虽然仅采用了 3 个典型实例,但高斯分布的弊端已经显现,在算法稳定性和最优解精度方面采用均匀随机分布系数的算法具有更明显的优势。

人工鱼个体在进行状态选择和移动时依据视野和步长大小及其系数进行调整。采用[−1,1]区间均匀分布的系数时,将人工鱼视野和步长变化限制在该范围内,不会导致其有突变情况发生,且又能保持一定的随机性,能兼顾稳定性和精度的要求。采用(0,1)标准高斯分布后,人工鱼的视野和步长变化范围理论上是无穷的,但在有限的迭代次数中不会出现步长和视野严重突变的情况,因此算法还能保持一定的稳定性。但采用高斯分布后,视野和步长的变化范围明显超过均匀分布固定的区间,造成视野和步长的大范围随机波动,这对算法稳定性和最优解精度均不利。

人工鱼的视野和步长采用均匀随机分布系数有助于算法稳定收敛和最优解精度提高,但在算法整个执行过程中视野和步长的变化是相同的,算法前期与后期之间没有显著区别。因此,要充分提高算法性能,从人工鱼视野和步长方面进行改进,就必须设计出满足视野和步长变化期望的改进方式。

3.2 分段自适应函数设计要求

由上述分析可知,算法前期期望人工鱼具有较大的视野和步长,使算法跳出局部最优并快速收敛,算法后期期望较小的视野和步长使人工鱼能精确搜索,提高解的精度。因此,设计了一种基于分段自适应函数的人工鱼视野和步长改进方式,该函数作为人工鱼视野和步长的系数。在寻优过程中该系数能按设定的变化区间,根据算法不同阶段自适应地改变视野和步长的大小,进一步提高算法参数的鲁棒性[174]。

如式(3-6)和式(3-7)所示, $f_V(\text{iter})$ 、 $f_S(\text{iter})$ 分别为人工鱼视野和步长的分段自适应函数,iter 为当前迭代次数。分段自适应函数应满足以下基本条件,首先该函数的总体趋势是一个减函数,衰减快慢可由参数方便控制。

$$\text{Visual\_adap} = \text{Visual} * f_V(\text{iter}) \tag{3-6}$$

$$\text{step\_adap} = \text{step} * f_S(\text{iter}) \tag{3-7}$$

在分析自适应函数参数设置的方法前,先分别以函数 F_1 、 F_3 为例,测试在不同的视野和步长组合时最优解精度的变化情况,算法参数如表 3-7 所示。表 3-7 设置六组参数,除了视野和步长组合不同,其余参数均一致。运用该六组参数分别对函数 F_1 、 F_3 进行 10 次仿真研究,比较不同视野和步长组合对最优解结果的影响,其结果如表 3-8 所示。

表 3-7 算法不同参数设置组合

函数	参数序列	鱼群规模	迭代次数	视野	步长	觅食尝试次数	拥挤度因子
F_1	一	40	20	1	0.5	10	0.618
	二	40	20	2	1	10	0.618
	三	40	20	3	1.5	10	0.618
F_3	四	100	50	1	0.5	10	0.618
	五	100	50	2	1	10	0.618
	六	100	50	3	1.5	10	0.618

表 3-8 不同步长与视野组合的测试结果

函数	F_1			F_3		
参数序列	一	二	三	四	五	六
1	1.000 0	0.999 9	0.999 7	0.146 2	0.001 3	$7.055\ 5\times10^{-4}$
2	0.999 9	0.999 7	0.999 6	0.806 5	0.001 1	$8.584\ 9\times10^{-4}$
3	0.999 9	0.999 9	0.998 6	2.119	$2.696\ 7\times10^{-5}$	5.886×10^{-5}
4	0.999 6	1.000 0	0.999 7	1.033 1	$2.044\ 5\times10^{-4}$	8.442×10^{-6}
5	0.999 8	0.999 8	1.000 0	1.028 6	$2.018\ 1\times10^{-4}$	$6.771\ 4\times10^{-6}$
6	0.999 9	1.000 0	0.999 7	0.510 9	0.001 9	$6.034\ 8\times10^{-4}$
7	1.000 0	0.999 8	0.999 8	0.065 3	$3.989\ 8\times10^{-4}$	0.001 6
8	0.999 7	0.999 8	0.999 5	1.044 6	$1.908\ 0\times10^{-4}$	$4.307\ 4\times10^{-4}$
9	1.000 0	1.000 0	0.999 6	1.374 2	$2.402\ 8\times10^{-4}$	$9.818\ 0\times10^{-5}$
10	0.998 5	0.999 9	0.999 5	0.650 5	0.001 5	$1.052\ 6\times10^{-4}$

对表 3-8 中 F_1、F_3 实验数据进行置信度为 0.05 的方差分析,$F_{0.05}(2,27)=$ 3.354 13,大于 $F_{1比}=2.041\ 85$,小于 $F_{2比}=21.324\ 4$。因此,在不同的视野和步长组合下,函数 F_1 的最优解受到的影响极小,实验结果无显著差异,算法参数鲁棒性比较显著。函数 F_3 的最优解对视野和步长的大小就比较敏感,较小的视野和步长反而导致解的精度大大降低,算法参数鲁棒性极弱,各组实验结果之间存在显著差异。由前文分析结果可知,步长小对解的精度有利,但要求在算法后期以小步长进行精确搜索。在局部最优突出时,算法前期必须以较大的视野和步长快速发现全局最优并前往。因为函数 F_3 是局部最优非常突出的问题,过小的视野和步长导致人工鱼不能摆脱局部最优的干扰,始终在局部最优邻域反复尝试觅食,不能发现局部最优邻域外的全局最优,出现早熟现象,最终导致陷入局

部最优。因此,提高算法参数的鲁棒性,满足算法执行不同阶段对人工鱼视野和步长大小的要求,成为算法改进必须解决的问题。

提高视野和步长的鲁棒性,就必须扩大其区间范围。在基本人工鱼群算法中,视野和步长是固定的,改变其范围只能通过改变其自适应函数系数来实现。本章将分别采用幂函数、线性函数和指数函数作为自适应函数,每种函数都包括 K_V、b_V、K_S 和 b_S 四个参数,作为自适应函数控制参数,可根据实际情况进行调整设置。控制参数 K_V、b_V、K_S 和 b_S 必须能够使函数 $f_V(\text{iter})$ 和 $f_S(\text{iter})$ 的初始值从一个大于 1 的数开始衰减。

3.3 幂函数型衰减函数

式(3-8)和式(3-9)所示分别表示人工鱼视野和步长的幂函数型分段自适应函数,其中设 $K_S = K_V$,$b_S = b_V$,则视野和步长的函数系数相同,定义其值域为 $[\min\_y, \max\_y]$,即第 1 次迭代时函数系数的初始值为 $\max\_y$,最后一次迭代时函数系数达到最小为 $\min\_y$,最大迭代次数为 $\max\_gen$。

$$f_V(\text{iter}) = K_V * \text{iter} \wedge b_V \qquad (3-8)$$

$$f_S(\text{iter}) = K_S * \text{iter} \wedge b_S \qquad (3-9)$$

根据上述已知条件,可求得幂函数型分段自适应函数控制参数。

$$K_V = \max\_y \qquad (3-10)$$

$$b_V = \frac{\log(\min\_y/\max\_y)}{\log(\max\_gen)} \qquad (3-11)$$

$$K_S = K_V \qquad (3-12)$$

$$b_S = b_V \qquad (3-13)$$

将式(3-10)、式(3-11)、式(3-12)和式(3-13)代入式(3-8)和式(3-9)中,可得幂函数型衰减函数为:

$$f_V(\text{iter}) = \max\_y * \text{iter} \wedge \left(\frac{\log(\min\_y/\max\_y)}{\log(\max\_gen)}\right) \qquad (3-14)$$

$$f_S(\text{iter}) = \max\_y * \text{iter} \wedge \left(\frac{\log(\min\_y/\max\_y)}{\log(\max\_gen)}\right) \qquad (3-15)$$

令该分段自适应函数的值域为[0.1,2],最大迭代次数为 20 次,则幂函数型人工鱼视野和步长的自适应系数变化趋势如图 3-1 所示。

由图 3-1 可知,幂函数型衰减函数系数在迭代初期衰减较快,可适当增大 $\max\_y$ 的值,加强前期搜索能力。在迭代后期衰减速度降低能使人工鱼充分寻优,使算法不至过度早熟。幂函数型衰减函数主要运用在需要快速衰减达到收敛效果的场合。

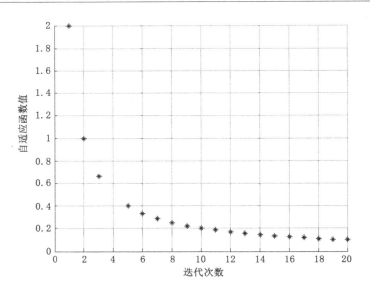

图 3-1　幂函数型衰减函数系数变化趋势

3.4　线性函数型衰减函数

式(3-16)和式(3-17)所示为线性函数型人工鱼视野和步长的分段自适应函数,其中设 $K_s = K_v, b_s = b_v$,则视野和步长的函数系数相同,定义其值域为 $[\min\_y, \max\_y]$,即第 1 次迭代时函数系数的初始值为 $\max\_y$,最后一次迭代时函数系数达到最小为 $\min\_y$,最大迭代次数为 $\max\_gen$。

$$f_v(\text{iter}) = K_v * \text{iter} + b_v \qquad (3\text{-}16)$$

$$f_s(\text{iter}) = K_s * \text{iter} + b_s \qquad (3\text{-}17)$$

根据上述已知条件,可求得线性型分段自适应函数控制参数。

$$K_v = \frac{\min\_y - \max\_y}{\max\_gen - 1} \qquad (3\text{-}18)$$

$$b_v = \frac{\max\_gen * \max\_y - \min\_y}{\max\_gen - 1} \qquad (3\text{-}19)$$

$$K_s = K_v \qquad (3\text{-}20)$$

$$b_s = b_v \qquad (3\text{-}21)$$

将式(3-18)、式(3-19)、式(3-20)和式(3-21)代入式(3-16)和式(3-17)中,可得线性函数型衰减函数为:

$$f_v(\text{iter}) = \frac{\min\_y - \max\_y}{\max\_gen - 1} * \text{iter} + \frac{\max\_gen * \max\_y - \min\_y}{\max\_gen - 1} \quad (3\text{-}22)$$

$$f_S(\text{iter}) = \frac{\text{min\_}y - \text{max\_}y}{\text{max\_gen} - 1} * \text{iter} + \frac{\text{max\_gen} * \text{max\_}y - \text{min\_}y}{\text{max\_gen} - 1} \quad (3\text{-}23)$$

令该分段自适应函数的值域为 $[0.1, 2]$，算法最大迭代次数为 20 次，则人工鱼视野和步长的自适应系数变化趋势如图 3-2 所示。

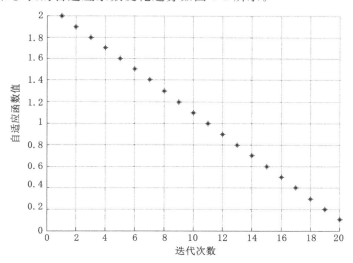

图 3-2　线性函数型衰减系数变化趋势

由图 3-2 可知，线性型衰减函数系数在算法迭代过程中均匀衰减，衰减速度较慢，在算法迭代后期才能使自适应系数衰减到较小值，能防止过度衰减，引起算法早熟，但在较小视野和步长内的迭代次数较少。因此，在运用过程中可适当增加迭代次数、提高在较小视野和步长内的寻优次数，使最优解的精度充分提高。

3.5　指数函数型衰减函数

式(3-24)和式(3-25)所示为人工鱼视野和步长的指数函数型分段自适应函数，其中设 $K_S = K_V, b_S = b_V$，则视野和步长的函数系数相同，定义其值域为 $[\text{min\_}y, \text{max\_}y]$，即第 1 次迭代时函数系数的初始值为 $\text{max\_}y$，最后一次迭代时函数系数达到最小为 $\text{min\_}y$，最大迭代次数为 max_gen。

$$f_V(\text{iter}) = K_V * b_V \wedge \text{iter} \quad (3\text{-}24)$$

$$f_S(\text{iter}) = K_S * b_S \wedge \text{iter} \quad (3\text{-}25)$$

根据上述已知条件，可求得指数型分段自适应函数控制参数。

$$K_{\mathrm{v}} = \frac{\mathrm{max\_y}}{(\mathrm{min\_y}/\mathrm{max\_y}) \wedge (1/(\mathrm{max\_gen}-1))} \quad (3\text{-}26)$$

$$b_{\mathrm{v}} = (\mathrm{min\_y}/\mathrm{max\_y}) \wedge (1/(\mathrm{max\_gen}-1)) \quad (3\text{-}27)$$

$$K_{\mathrm{s}} = K_{\mathrm{v}} \quad (3\text{-}28)$$

$$b_{\mathrm{s}} = b_{\mathrm{v}} \quad (3\text{-}29)$$

将式(3-26)、式(3-27)、式(3-28)和式(3-29)代入式(3-24)和式(3-25)中,可得指数函数型衰减函数为:

$$f_{\mathrm{v}}(\mathrm{iter}) = \frac{\mathrm{max\_y}}{\dfrac{\mathrm{min\_y}}{\mathrm{max\_y}} \wedge \dfrac{1}{\mathrm{max\_gen}-1}} * (\frac{\mathrm{min\_y}}{\mathrm{max\_y}} \wedge \frac{1}{\mathrm{max\_gen}-1}) \wedge \mathrm{iter}$$

$$(3\text{-}30)$$

$$f_{\mathrm{s}}(\mathrm{iter}) = \frac{\mathrm{max\_y}}{\dfrac{\mathrm{min\_y}}{\mathrm{max\_y}} \wedge \dfrac{1}{\mathrm{max\_gen}-1}} * (\frac{\mathrm{min\_y}}{\mathrm{max\_y}} \wedge \frac{1}{\mathrm{max\_gen}-1}) \wedge \mathrm{iter}$$

$$(3\text{-}31)$$

令该分段自适应函数的值域为[0.1,2],最大迭代次数为 20 次,则人工鱼视野和步长的自适应系数变化趋势如图 3-3 所示。

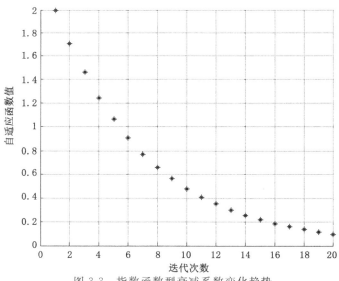

图 3-3　指数函数型衰减系数变化趋势

由图 3-3 可知,指数函数型衰减系数衰减速度介于线性函数型和幂函数型之间。算法迭代初期衰减速度比算法后期的衰减速度略快,是一种较为理想的衰减函数类型。

对分段自适应函数的值域进行预先设置，能有效避免分段自适应函数设计的盲目性，有助于在优化对象性质不明确时进行快速尝试性试验。通过对分段自适应函数值域的预设，避免了人工鱼觅食的关键参数视野和步长范围的波动。当需改变算法迭代次数时，不会导致人工鱼视野和步长变化范围的变化，使函数具有良好的衰减特性。在进行算法正交试验和对比验证时，保证在参数变化时，自适应函数能保持相同的变化区间，使实验结果更客观、可信。分段自适应函数法提供了一种精确分析人工鱼视野和步长对算法性能影响效果的手段。

3.6 分段自适应人工鱼群算法流程与步骤

将幂函数型、线性函数型和指数函数型三种衰减函数应用于人工鱼群算法中，实现人工鱼视野和步长的自适应改进。算法流程图如图 3-4 所示。

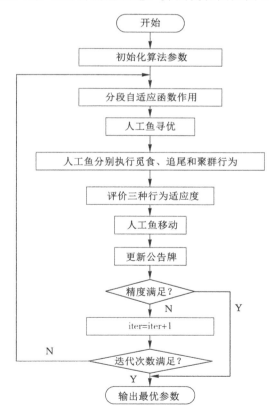

图 3-4 分段自适应人工鱼群算法流程图

根据图 3-4 的流程,分段自适应人工鱼群算法的步骤如下:

step 1. 初始化人工鱼群算法参数,随机生成 N 条人工鱼,形成初始人工鱼群,初始化自适应函数控制参数。

step 2. 算法开始,在分段自适应函数的作用下,改变人工鱼的视野和步长的范围。

step 3. 人工鱼分别执行觅食、聚群和追尾行为,并选择适应度最高的人工鱼状态作为更新状态。

step 4. 判断是否满足公告牌更新条件,若满足则更新公告牌。

step 5. 判断算法是否满足终止条件,若满足则算法终止,否则 iter＝iter＋1,转 step 2。

3.7 实验研究

分别采用幂函数型、线性函数型和指数函数型衰减函数对人工鱼的视野和步长进行改进,并采用函数 F_1、F_2 和 F_3 进行性能测试。仿真条件同前文,算法参数如表 3-9 所示。

表 3-9　分段自适应人工鱼群算法参数

函数	鱼群规模	迭代次数	视野	步长	觅食尝试次数	拥挤度因子	系数上限	系数下限
F_1	40	20	2	1	10	0.618	2	0.1
F_2	100	80	2	0.5	10	0.618	2	0.01
F_3	100	50	1	0.5	10	0.618	3	0.1

分别对函数 F_1、F_2 和 F_3 进行 10 次仿真测试。表 3-10 为分别采用幂函数型、线性函数型和指数函数型三种衰减函数进行改进的人工鱼群算法以及标准人工鱼群算法对函数 F_1 进行测试所得结果。

对表 3-10 所示函数 F_1 测试结果进行置信度为 0.05 的方差分析,方差分析结果如表 3-11 所示。因 $F_{0.05}(3,36)=2.866\ 27 < F_比=13.811\ 7$,所以各组测试结果数据具有显著差异。因此,通过对基本人工鱼群算法进行三种分段自适应函数法改进,在函数 F_1 的测试中具有显著的改进效果。

表 3-10　函数 F_1 测试结果

算法类型	基本算法		幂函数型		线性函数型		指数函数型	
次数	函数值	时间/s	函数值	时间/s	函数值	时间/s	函数值	时间/s
1	0.999 6	0.291 3	1.000 0	0.276 1	1.000 0	0.288 3	1.000 0	0.291 6
2	0.999 9	0.288 5	1.000 0	0.286 0	1.000 0	0.293 5	1.000 0	0.298 9
3	0.999 9	0.293 5	1.000 0	0.275 9	1.000 0	0.288 6	1.000 0	0.296 5
4	0.999 7	0.302 6	1.000 0	0.274 6	0.999 9	0.290 5	0.999 9	0.300 7
5	0.999 8	0.299 1	1.000 0	0.270 3	1.000 0	0.282 2	1.000 0	0.301 0
6	0.999 7	0.287 0	1.000 0	0.276 2	1.000 0	0.289 0	1.000 0	0.306 8
7	0.999 9	0.308 2	1.000 0	0.281 2	1.000 0	0.282 0	1.000 0	0.292 9
8	1.000 0	0.284 4	1.000 0	0.268 0	0.999 9	0.296 7	1.000 0	0.286 6
9	0.999 3	0.302 8	1.000 0	0.281 2	1.000 0	0.278 1	1.000 0	0.296 9
10	0.999 6	0.291 3	1.000 0	0.276 1	1.000 0	0.288 3	1.000 0	0.291 6

表 3-11　函数 F_1 测试结果方差分析

方差来源	平方和	自由度	均方差	F 比
因　素	$4.707\ 5\times10^{-7}$	3	$1.569\ 17\times10^{-7}$	13.811 7
误　差	4.09×10^{-7}	36	$1.136\ 11\times10^{-8}$	
总　和	$8.797\ 5\times10^{-7}$	39		

　　由表 3-10 可知,基本人工鱼群算法所得的最优解精度最低,经过三种不同类型的分段自适应函数改进后,最优解的精度都得到了提高。幂函数型衰减函数的作用效果最优,最优解的稳定性较好,在 10 次仿真中都能收敛到理论最优值。指数型衰减函数的作用效果次之,出现 1 次未收敛到理论最优的现象。线性型衰减函数的作用效果最次,但也只出现 2 次未收敛到理论最优,与基本人工鱼群算法相比,线性型衰减函数改进后的算法已经明显优于基本人工鱼群算法。为了对比分段自适应函数的作用效果,采用了较少的迭代次数、增加迭代次数,三种不同分段自适应函数改进的算法均能收敛到理论最优。从最优解精度提高方面来说,在分段自适应函数的作用下人工鱼群算法最优解的精度得到了显著提高。幂函数型、线性函数型和指数函数型三种自适应函数分别对基本人工鱼群算法进行改进,改进后的算法最优解精度显著提高。

　　将表 3-12 中三种不同衰减函数的测试结果分别与基本人工鱼群算法的测试结果进行方差分析,方差分析结果如表 3-13。因为 $F_{0.05}(1,18)=4.413\ 87$,因此对于函数 F_2 而言,幂函数型、线性函数型以及指数函数型三种衰减函数的测试结果与基本算法相比较均有显著差异。结合表 3-12 的测试结果,这三种衰减函数均能显著改善基本人工鱼群算法性能。

表 3-12　函数 F_2 测试结果

算法	基本算法		幂函数型		线性函数型		指数函数型	
次数	函数值	时间/s	函数值	时间/s	函数值	时间/s	函数值	时间/s
1	$3.590\ 1\times10^3$	3.157 0	$3.600\ 0\times10^3$	3.018 1	$3.600\ 0\times10^3$	3.203 8	$3.600\ 0\times10^3$	3.227 3
2	$3.596\ 8\times10^3$	3.273 3	$3.600\ 0\times10^3$	2.936 7	$3.599\ 7\times10^3$	3.204 7	$3.600\ 0\times10^3$	3.128 9
3	$3.437\ 2\times10^3$	3.151 8	$3.600\ 0\times10^3$	2.831 7	$3.600\ 0\times10^3$	3.118 8	$3.599\ 9\times10^3$	3.143 6
4	$3.597\ 1\times10^3$	3.152 2	$3.600\ 0\times10^3$	2.778 5	$3.598\ 4\times10^3$	3.119 1	$3.599\ 9\times10^3$	3.226 9
5	$3.596\ 9\times10^3$	3.144 1	$3.600\ 0\times10^3$	2.953 4	$3.599\ 2\times10^3$	3.240 1	$3.600\ 0\times10^3$	3.139 1
6	$3.593\ 1\times10^3$	3.140 9	$3.600\ 0\times10^3$	2.873 2	$3.599\ 6\times10^3$	3.157 2	$3.599\ 9\times10^3$	3.143 9
7	$3.499\ 2\times10^3$	3.122 0	$3.600\ 0\times10^3$	2.827 3	$3.599\ 9\times10^3$	3.181 9	$3.600\ 0\times10^3$	3.202 4
8	$3.490\ 5\times10^3$	3.153 4	$3.600\ 0\times10^3$	2.818 9	$3.599\ 9\times10^3$	3.152 6	$3.600\ 0\times10^3$	3.164 9
9	$3.598\ 5\times10^3$	3.158 5	$3.600\ 0\times10^3$	2.788 9	$3.599\ 4\times10^3$	3.156 4	$3.600\ 0\times10^3$	3.139 0
10	$3.590\ 1\times10^3$	3.157 0	$3.600\ 0\times10^3$	3.018 1	$3.600\ 0\times10^3$	3.203 8	$3.600\ 0\times10^3$	3.227 3

表 3-13　函数 F_2 测试结果方差分析

算法类型	幂函数型	线性函数型	指数函数型
$F_比$	4.727 85	4.617 57	4.720 94

由表 3-12 可知,对于函数 F_2 基本人工鱼群算法所得的最优解精度最低,经过三种不同类型的衰减函数改进后,最优解的精度都得到了提高。幂函数型衰减函数的衰减速度最快,作用效果最优,最优解的稳定性较好,在 10 次仿真中都能收敛到理论最优值。指数型衰减函数的作用效果次之,出现 2 次未收敛到理论最优的现象。线性型衰减函数的作用效果最次,有 3 次能收敛到理论最优,但与基本人工鱼群算法相比,线性型衰减函数改进后的算法已经明显优于基本人工鱼群算法。函数 F_2 的全局最优邻域比较尖锐,人工鱼极容易越过此邻域,在此范围内以较小的视野和步长进行多次寻优才能到达。幂函数衰减最快,以较小的视野和步长进行寻优的迭代次数大于指数型和线性型衰减函数,测试结果也与此相符。从最优解精度提高方面来说,在分段自适应函数的作用下人工鱼群算法最优解的精度得到了显著提高,幂函数型、线性函数型和指数函数型三种分段自适应函数都有显著的改进效果。

将表 3-14 中三种不同衰减函数的测试结果分别与基本人工鱼群算法的测试结果进行方差分析,结果如表 3-15 所示。因为 $F_{0.05}(1,18)=4.413\ 87$,因此对于函数 F_3,幂函数型衰减函数对算法性能的改进没有显著性,这也与表 3-14

的测试结果相符。线性函数型、指数函数型衰减函数,在对函数 F_3 的测试中,与基本算法相比算法性能改进显著。结合表 3-14 的测试结果,就函数 F_3 而言,线性函数型衰减函数的作用效果最显著。

表 3-14   函数 F_3 测试结果

算法	基本算法		幂函数型		线性函数型		指数函数型	
次数	函数值	时间/s	函数值	时间/s	函数值	时间/s	函数值	时间/s
1	0.230 0	1.931	0.996 0	2.097 6	$4.089\ 0\times10^{-5}$	1.964 7	$3.417\ 0\times10^{-5}$	1.901 8
2	0.998 9	1.921 0	0.001 4	2.091 9	$4.064\ 4\times10^{-7}$	1.921 2	0.998 7	1.927 2
3	1.087 0	1.952 8	$1.585\ 0\times10^{-4}$	2.075 2	$1.920\ 3\times10^{-5}$	1.918 4	0.002 5	1.962 2
4	1.063 5	1.917 5	$1.112\ 7\times10^{-4}$	2.083 4	$1.708\ 2\times10^{-6}$	1.920 2	0.411 9	1.960 3
5	1.076 4	1.839 8	1.007 7	2.083 3	$6.458\ 7\times10^{-6}$	1.908 6	0.520 3	1.906 8
6	1.076 2	1.931 3	0.996 6	2.095 2	$3.067\ 4\times10^{-5}$	1.918 9	0.995 0	1.944 4
7	2.057 2	1.922 8	0.999 2	2.077 2	$1.705\ 0\times10^{-5}$	1.913 2	$5.543\ 8\times10^{-5}$	1.975 4
8	0.621 6	1.926 4	0.995 0	2.064 3	$1.303\ 8\times10^{-6}$	1.926 2	0.016 6	1.931 9
9	1.017 6	1.909 8	1.995 5	2.105 3	$5.074\ 4\times10^{-6}$	1.920 1	$1.115\ 7\times10^{-4}$	1.902 1
10	1.202 1	1.923 0	0.021 3	2.051 4	$5.324\ 7\times10^{-6}$	1.894 2	$1.271\ 5\times10^{-4}$	1.941 9

表 3-15   函数 F_3 测试结果方差分析

算法类型	幂函数型	线性函数型	指数函数型
$F_{比}$	1.765 75	51.543 9	14.572 8

由上文分析可知,函数 F_3 是一个典型的局部突出的优化问题。由表 3-14 可知,最优解精度最高的是采用线性型衰减函数的改进算法,指数型衰减函数次之。算法开始在分段自适应函数的作用下,人工鱼的视野和步长在算法初始阶段进行了放大,有助于跳出局部最优。线性函数型衰减函数衰减速度慢,人工鱼有较长的时间采用较大视野和步长了解寻优空间的信息,跳出局部最优前往全局最优。随着算法执行视野和步长在衰减函数的作用下逐渐减小,在全局最优邻域进行细化搜索,使最优解精度提高。但由于幂函数型衰减函数衰减速度过快,人工鱼可能尚未到达全局最优邻域,其视野和步长又开始快速衰减,最终导致人工鱼在局部最优邻域徘徊不前,造成最优解精度降低。

以上实验是基于对三种不同类型的典型优化测试函数进行的,其目的在于验证分段自适应函数改进的有效性。通过多次独立实验对比,得出该方法改进效果的显著性和不同分段自适应函数之间的差异。对于其他不同类型的优化对象模型,分段自适应函数的作用效果如何? 以表 3-16 所列测试函数为优化实验对象,分别测试采用三种不同分段自适应函数进行改进的人工鱼群算法作用效果,并与基本人工鱼群算法和粒子群算法相比较。

表 3-16　测试函数

序号	函数	全局最优点	理论极值
1	$G_1(x,y) = x^2 + y^2, -5.12 \leqslant x,y \leqslant 5.15$	$(0,0)$	0
2	$G_2(x) = e^{(-2\lg 2 \cdot (x-0.1)/0.8)^2} \times [\sin(5\pi x)]^6, 0 \leqslant x \leqslant 1$	(0.1)	1
3	$G_3(x,y) = \left\{ \sum\limits_{i=1}^{5} i\cos[(i+1)x+i] \right\} \left\{ \sum\limits_{i=1}^{5} i\cos[(i+1)y+i] \right\},$ $-10 \leqslant x,y \leqslant 10$	$(-1.425\,13,$ $0.800\,32)$	$-186.730\,91$
4	$G_4(x,y) = \dfrac{1}{4\,000}(x^2 + y^2) - \cos x\cos\left(\dfrac{y}{\sqrt{2}}\right) + 1,$ $-10 \leqslant x,y \leqslant 10$	$(0,0)$	0
5	$G_5(x,y) = 0.5 + \dfrac{\sin^2\sqrt{x^2 + y^2} - 0.5}{[1 + 0.001(x^2 + y^2)]^2},$ $-10 \leqslant x,y \leqslant 10$	$(0,0)$	0
6	$G_6(x,y) = x\sin(4\pi x) - y\sin(4\pi y + \pi + 1),$ $-1 \leqslant x,y \leqslant 2$	$(1.628\,9,2)$	$3.309\,9$
7	$G_7(x,y) = \cos(2\pi x)\cos(2\pi y)e^{-(x^2+y^2)/10},$ $-1 \leqslant x,y \leqslant 1$	$(0,0)$	1
8	$G_8(x,y) = 100\,(x^2 - y)^2 + (1-x)^2,$ $-2.048 \leqslant x,y \leqslant 2.048$	$(1,1)$	0

测试对象的算法参数设置如表 3-17 所示,其中种群规模和迭代次数均相等。人工鱼群算法的人工鱼拥挤度因子选择典型值,其本粒子群算法的两个学习因子均选择 2,惯性权重取值为 1。为分别采用幂函数型、线性函数型和指数函数型三种分段自适应函数改进的人工鱼群算法、基本人工鱼群算法以及基本粒子群算法,对表 3-16 所列测试函数分别进行 10 次独立测试,实验所得均值如表 3-18 所示。

表 3-17　算法参数

函数	鱼群规模	迭代次数	视野	步长	觅食尝试次数	拥挤度因子	学习因子 C_1	学习因子 C_2	最大速度	惯性权重
G_1	40	30	2	0.5	10	0.618	2	2	0.5	1
G_2	30	20	0.5	0.2	10	0.618	2	2	0.2	1
G_3	80	40	3	1	2	0.618	2	2	1	1
G_4	50	30	2	1	10	0.618	2	2	1	1
G_5	100	50	2	0.5	5	0.618	2	2	0.5	1
G_6	50	40	0.5	0.2	5	0.618	2	2	0.2	1
G_7	50	20	0.2	0.08	5	0.618	2	2	0.08	1
G_8	50	20	1.5	0.8	10	0.618	2	2	0.8	1

表 3-18　测试结果

函数	算法				
	幂函数型改进算法	线性函数型改进算法	指数函数型改进算法	基本鱼群算法	粒子群算法
G_1	4.86×10^{-6}	2.36×10^{-7}	1.46×10^{-5}	3.79×10^{-5}	4.15×10^{-5}
G_2	1.000 0	1.000 0	1.000 0	0.999 9	0.998 3
G_3	$-186.657\ 8$	$-186.523\ 7$	$-186.618\ 3$	$-186.420\ 6$	$-186.425\ 0$
G_4	1.29×10^{-7}	2.53×10^{-6}	5.01×10^{-7}	4.36×10^{-6}	4.01×10^{-3}
G_5	1.01×10^{-3}	1.04×10^{-3}	2.38×10^{-3}	2.62×10^{-3}	1.40×10^{-3}
G_6	3.254 5	3.252 7	3.226 8	3.199 6	3.038 0
G_7	1.000 0	1.000 0	1.000 0	0.999 7	0.999 9
G_8	3.16×10^{-8}	1.08×10^{-6}	1.27×10^{-7}	2.63×10^{-5}	$5.9\ 0 \times 10^{-3}$

由表 3-18 测试结果可知,在算法参数相同的前提下,基本鱼群算法与基本粒子群算法相比有一定的优势,部分优化对象的结果精度高出 1 个数量级以上,但也存在一些测试结果差异不显著的情况。经过分段自适应函数改进后,所有测试对象的优化结果精度都得到了提高。不同类型的优化对象,分段自适应函数的作用效果也存在差异,对于局部最优比较突出的问题,分段自适应函数不能从本质上解决局部最优缠扰、提高全局收敛的能力。

分段自适应函数从算法参数改进的角度,实现人工鱼群算法的改进,能提高最优解精度。但仅从视野和步长数值自适应改进方面进行算法改进,没有从本质上改变人工鱼群算法的机理,因此对于人工鱼的种群更新方式不会具有显著效果。分段自适应函数法通过提高人工鱼觅食成功率,提高最优解精度,但对摆脱局部最优干扰的问题没有显著效果。

3.8 算法分析

通过实验结果比对,幂函数型、线性函数型和指数函数型这三种类型分段自适应函数均能有效对人工鱼的视野和步长进行自适应改进,但对于性质不同的优化对象,其效果也不同,在具体应用中应根据优化对象的特点进行选择。线性函数型由于衰减速度慢,主要应用于局部最优突出、算法前期需充分寻优的优化问题。幂函数型衰减速度最快,对于局部最优不是太突出的问题能有效提高算法效率,达到快速精确搜索的目的。

基本人工鱼群算法参数主要包括迭代次数、人工鱼条数、觅食尝试次数以及人工鱼视野和步长等。完成基本人工鱼群算法需进行 max_gen 次迭代,在每一次迭代中 N 条人工鱼逐条执行四种基本行为,在执行觅食行为时,可能出现觅食失败的情况,需重复进行尝试,最多尝试 try_num 次,则基本鱼群算法的理论时间复杂度 T 可用式(3-32)来表示。

$$T = max\_gen * N * try\_num \tag{3-32}$$

采用分段自适应函数法改进后,仅对人工鱼的视野和步长作改进,算法的迭代次数、人工鱼种群规模及觅食尝试次数均不发生变化,因此算法所需存储空间不变。分段自适应函数法改进人工鱼的视野和步长仅仅是从算法参数改进的角度进行,在算法执行过程中增加的语句频次不高于原基本算法语句的最高频次。因此,改进后的算法复杂度与改进前基本算法的复杂度相同,即算法改进前后具有相同的复杂度。因此基于分段自适应函数的人工鱼群算法的理论时间复杂度也如式(3-32)所示。

这三种典型函数的改进方式相同,只是函数形式不同,因此三种改进算法具有相同的时间复杂度,测试过程中三种分段自适应函数改进算法和基本鱼群算法在耗时上没有显著差别。进行分段自适应函数法改进后,在算法后期,人工鱼能以较小的视野和步长进行精确搜索,觅食效率较高,觅食尝试次数必然减少,促使算法的时间复杂度有所下降。效果最优的算法,人工鱼成功觅食的概率较高,觅食尝试次数较少,重复执行觅食行为的次数下降,从而减少了算法运行时间。最优解精度最好的算法消耗的时间也最少。

幂函数型衰减函数具有最快的衰减速度,能将在算法开始时增大的视野和步长进行快速衰减,主要应用于局部最优不突出的优化问题。线性函数型衰减函数的衰减速度最慢,且衰减过程均匀,主要用于局部极值突出的优化问题。指数函数型衰减函数的衰减效果介于幂函数型和线性函数型之间。采用分段自适应策略后,人工鱼的视野和步长在分段自适应函数系数的作用下,参数鲁棒性得到了极大提高。通过对人工鱼群算法的视野和步长这两个参数进行分段自适应函数法改进,提高了鱼群算法的求解精度,改善了算法性能,也提供了一种精确分析人工鱼视野和步长对算法性能影响效果的手段。

4 基于进化策略的人工鱼群算法

算法参数改进,是算法改进的一个重要方面,而对算法仿生学基础进行改进是对算法机理和仿生学基础的丰富和拓展,人工鱼群算法也可对其仿生学基础进行相应改进研究。在算法执行过程中,人工鱼种群规模越大,人工鱼个体在寻优空间的分布就越密集,对寻优空间的了解就越充分。在其他条件不变的前提下,较高的人工鱼密度,既能促进人工鱼的局部搜索,又能使人工鱼对全局充分了解,提高算法的全局收敛性和解的精度,但会增加运算存储空间,提高算法复杂度。如何在人工鱼种群规模保持不变的情况下,提高全局最优邻域人工鱼个体的密度,成为人工鱼群算法研究中亟待解决的问题。进化人工鱼群算法的提出正是对此问题的一个可行解决方案。

4.1 进化人工鱼群算法的背景

将生物进化思想融合到人工鱼群算法中,使人工鱼群算法中的人工鱼个体具备类似生物进化的行为特性是进化人工鱼群算法的基本思想。

首先定义有效人工鱼的概念,在所有人工鱼群体内,处于全局最优邻域一定范围内的人工鱼个体具有较高的适应度,这部分个体称为有效人工鱼。人工鱼群体在寻优过程中,在寻优空间内人工鱼个体通过执行四种基本行为,从初始的随机分布状态,聚群到了全局最优邻域和局部最优邻域。寻优过程中,人工鱼个体既会向全局最优邻域聚群,也会向局部最优邻域聚集,最终会造成大量人工鱼聚集在局部最优邻域,但处于局部最优邻域的人工鱼个体对全局寻优作用有限。局部最优邻域内人工鱼个体的聚集,导致全局最优邻域内人工鱼个体数量不足,即有效人工鱼群体较小,造成无效寻优的比例增加,甚至在种群规模较小时会出现人工鱼全部聚集在局部最优,无法摆脱局部最优的干扰,不能收敛到全局最优的现象。

以函数 F_1 为例,研究基本人工鱼群算法执行过程中人工鱼个体在寻优空间内的分布变化趋势(图 4-1),算法参数如表 4-1 所示。

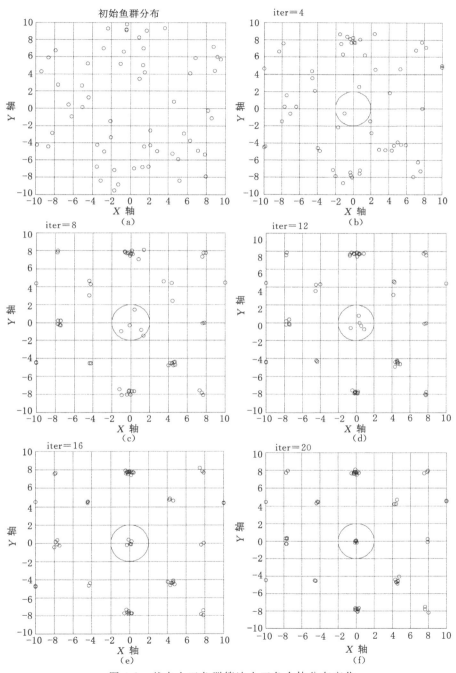

图 4-1 基本人工鱼群算法人工鱼个体分布变化

表 4-1　基本人工鱼群算法鱼群分布参数

鱼群规模	迭代次数	视野	步长	觅食尝试次数	拥挤度因子
50	20	2	0.5	10	0.618

图 4-1(a)为算法开始人工鱼个体在寻优空间的随机分布。随着迭代过程的持续,人工鱼个体开始在算法机理的作用下向最优解邻域聚集。由图 4-1 可知,在寻优过程中人工鱼个体除了向全局最优邻域聚群,同时也向局部最优邻域聚集。在算法后期,整个人工鱼种群分别聚集到全局最优和局部最优,但只有全局最优(0,0)邻域内的人工鱼有机会到达最优解处,该范围以外的人工鱼进行寻优却对全局最优解的质量提高基本无用,很难移动到全局最优邻域。只有全局最优邻域内的有效人工鱼才有机会到达全局最优,最终其中某一条人工鱼将会到达全局最优位置,有效人工鱼个体以外的其他个体都陷入了局部最优。非有效人工鱼耗费了资源与大量寻优时间,且随着算法迭代次数增加而增加。处于局部最优邻域的人工鱼个体几乎对最优解精度的提高无任何作用,但其也消耗了寻优资源,对算法性能产生负面影响。

因此,提高全局最优邻域内人工鱼个体数量,是改进算法、提高算法性能的一个可行思路。如何在保持人工鱼种群规模不扩大的前提下提高有效人工鱼的比例。进化人工鱼群的提出,正是针对这一矛盾,在基本人工鱼群算法中融入进化思想,逐步提高人工鱼群体的整体适应度,提高适应度高的人工鱼个体比例,使有效人工鱼增加。

4.2　人工鱼个体进化方式

生物在进化过程中的繁殖方式有无性生殖和有性生殖两种方式。低等原始生物的繁殖以无性生殖方式为主,随着生物进化开始出现有性生殖方式。无性生殖与有性生殖各有特点,不能一概而论地认为有性生殖必然优于无性生殖。

4.2.1　无性生殖进化方式

在生物进化过程中,个体适应度高的能快速适应环境变化,具有更大的生存优势。适应性差的个体或物种由于不能对环境变化做出快速进化来适应新环境,在进化过程中逐渐被淘汰。受到该思想的启发,将人工鱼种群中适应度较高的部分群体定义为精英人工鱼群,该群体的适应度处于整个种群的顶端,有效人工鱼个体处于精英人工鱼群内(图 4-2)。高适应度个体能对环境的变化做出迅速反应,适应新的环境。人工鱼种群的逐代进化就是以精英人工鱼群为基础,将精英人工鱼群的高适应度特性传递给下一代人工鱼,逐步扩大精英人工鱼群的规模。精英人工鱼群规模的扩大,必然会促使有效人工鱼个体数量的增加,从而实现在种群规模一定的前提下提高有效人工鱼个体的数量。

图 4-2 人工鱼群体内部关系

无性生殖的典型特点就是能够将父代的全部特性传递给下一代个体。因此,在保证父代个体具备优良特性和较高适应度的前提下,采用无性生殖方式无疑是一种快速、有效、可靠的种群更替方式。

依照此思想,在人工鱼种群中选择部分精英人工鱼个体作为父代,采用无性生殖方式产生出部分下一代人工鱼个体,同时保留父代。为保证整个人工鱼种群规模不变,在原种群中选出适应度最低的一定数量的人工鱼个体,其数量等于采用无性生殖方式产生的新个体数,并将该部分适应度最低的人工鱼群体进行淘汰,其过程如图 4-3 所示。无性生殖产生部分新的高适应度人工鱼个体,即克隆高适应度的人工鱼个体,同时淘汰同等数量的适应度低的个体,人工鱼种群规模不变,但却实现了精英人工鱼群规模的扩大,也实现了有效人工鱼个体数量的增加。这种模拟生物繁衍过程中低等生物的无性生殖过程的人工鱼群体的进化方式称为淘汰与克隆机制(Elimination and Clone Mechanism,ECM)。

4.2.2 有性生殖进化方式

有性生殖方式是生物进化到一定阶段才出现的,也是现代包括人类在内的多种高等生物的繁殖方式。有性生殖能够将父代特性部分传递给子代,同时来自父代不同个体的基因组合,有利于出现新的特性。即父代中没有体现出的某些特性会在子代中出现,加速了进化过程。因此,在父代个体具备优良特性的前提下,通过有性生殖方式产生的子代除了有机会获得父代的某些优良特性,还能具备父代没有的特性。凡事都有两面性,子代也可能出现父代中没有的低适应度性状,但一个系统中在前提条件良好的情况下,群体总是趋向于好的方向发展。

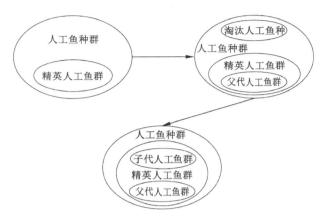

图 4-3　人工鱼无性生殖过程

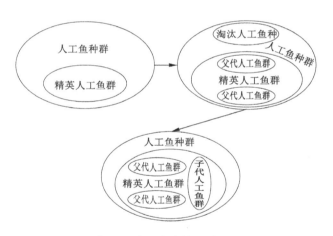

图 4-4　人工鱼有性生殖过程

人工鱼的有性生殖方式与淘汰与克隆机制的相同点是都需淘汰部分适应度低的个体。区别是有性生殖方式需要原来双倍数量的父代个体，一对父代个体产生一个子代个体，人工鱼种群规模保持不变。人工鱼有性生殖的父代个体如何选择，选择的依据是什么，如何保持种群的多样性，是有性生殖必须解决的问题。本质上来说，人工鱼的有性生殖借鉴了遗传算法的思想，但与遗传算法和进化策略的原理也存在不同之处，人工鱼的有性生殖方式采用的是权值可调重组法（下文会具体介绍），人工鱼的有性生殖（Sexual Reproduction，SR）正是采用权值可调重组法产生子代鱼群。人工鱼个体的进化方式包含了克隆与淘汰机制以及权值可调重组法两种不同方式。

4.3　基于淘汰与克隆机制的人工鱼群算法

4.3.1　算法原理

在人工鱼寻优过程中，每完成一次迭代后，对更新后的人工鱼个体依据其适应度高低进行排序，如式(4-1)所示。按照设定的比例，选择适应最低的这一部分人工鱼个体，视为劣化个体，作为淘汰对象。同时选择相同数量的适应度值最高的这部分个体，视为精英个体，作为克隆对象。通过对精英个体的克隆，和劣化个体的淘汰操作，提升了整个群体的适应度水平，同时也保持了群体规模不发生变化，如式(4-2)所示。

$$f(X_1) > f(X_2) > \cdots > f(X_{N-1}) > f(X_N) \tag{4-1}$$

$$X_{N+1-i} = X_i, (i = 1, 2, \cdots, j) \tag{4-2}$$

为防止人工鱼种群特性趋于同质化，导致种群多样性水平降低，影响人工鱼个体对搜索空间充分了解的能力，可在算法执行过程中设定淘汰与克隆机制的执行次数和阶段，并调整淘汰与克隆人工鱼个体的比例。在淘汰与克隆机制的作用下，每执行一次淘汰与克隆机制，部分适应度较低的个体就被精英鱼群中适应度高的个体取代，人工鱼种群整体适应度得到提高。在淘汰与克隆机制的不断作用下，适应度低的个体逐步被淘汰，劣化个体的数量不断减少。适应度高的个体不断增加，精英个体不断增多，整个种群规模维持恒定。通过淘汰与克隆机制的不断作用，提高了人工鱼个体到达全局最优的概率，从而使算法性能得到提升[172]。

4.3.2　算法步骤

step 1. 初始化人工鱼群算法参数，随机生成 N 条人工鱼，形成初始人工鱼种群，初始化淘汰与克隆机制参数。

step 2. 算法开始，人工鱼个体分别执行觅食、聚群和追尾行为，并选择适应度最高的人工鱼个体状态作为更新状态。

step 3. 判断是否满足淘汰与克隆机制的执行条件，若满足则执行淘汰与克隆机制，否则转步骤5。

step 4. 在淘汰与克隆机制的作用下，按人工鱼个体适应度高低进行排序，淘汰适应度最低的部分个体，同时克隆相同数量的高适应度个体。

step 5. 判断是否满足公告牌更新条件，若满足则更新公告牌状态。

step 6. 判断算法是否满足终止条件,若满足输出最优解,算法结束,否则 iter＝iter＋1,转 step 2。

4.3.3 实验研究

采用函数 F_1 对基于淘汰与克隆机制的人工鱼群算法进行验证研究。仿真条件同上,表 4-2 为函数 F_1 的实验参数。

表 4-2 带有淘汰与克隆机制的人工鱼群算法参数

算法	鱼群规模	迭代次数	视野	步长	觅食尝试次数	拥挤度因子	克隆比例	执行次数
BAFSA	50	20	2	1	10	0.618	0	0
ECM	50	20	2	1	10	0.618	0.2	20
BAFSA	50	10	2	1	10	0.618	0	0
ECM	50	10	2	1	10	0.618	0.2	10

分别采用两组不同算法参数对函数 F_1 进行实验,两组参数只有迭代次数不同,每组参数分别采用基本人工鱼群算法(BAFSA)和带有淘汰与克隆机制的人工鱼群算法(ECM)进行实验,其结果如表 4-3 所示。

表 4-3 ECM 算法函数 F_1 测试结果

次数	算法类型							
	BAFSA		ECM		BAFSA		ECM	
	函数值	时间/s	函数值	时间/s	函数值	时间/s	函数值	时间/s
1	0.999 6	0.397 9	1.000 0	0.431 2	0.999 8	0.206 9	1.000 0	0.218 8
2	0.999 9	0.387 1	1.000 0	0.417 9	0.999 3	0.212 1	1.000 0	0.222 5
3	1.000 0	0.405 3	0.999 8	0.421 8	0.999 4	0.202 3	1.000 0	0.222 2
4	0.999 7	0.373 4	0.999 9	0.415 5	0.999 6	0.212 4	1.000 0	0.220 8
5	0.999 8	0.392 9	0.999 9	0.422 1	0.997 0	0.205 4	1.000 0	0.217 9
6	0.999 8	0.390 8	1.000 0	0.413 2	0.999 9	0.205 9	1.000 0	0.218 8
7	0.999 3	0.386 4	1.000 0	0.420 6	0.999 9	0.208 4	1.000 0	0.231 4
8	0.999 3	0.404 2	0.999 9	0.416 4	0.999 8	0.207 2	0.999 9	0.220 5
9	0.999 9	0.387 1	0.999 9	0.426 0	0.999 6	0.209 6	1.000 0	0.218 6
10	0.999 8	0.388 6	1.000 0	0.526 0	0.998 4	0.207 2	0.999 9	0.220 8

对表 4-3 中 ECM 算法与基本算法的测试结果进行置信度为 0.05 的方差分析。因 $F_{0.05}(1,18)=4.413\,87<F_{1比}=8.308\,9$,也小于 $F_{2比}=6.035\,52$,所以两组测试结果数据均具有显著差异,ECM 对算法性能改进效果显著。

如表 4-3 所示,两组参数实验结果均显示在参数相同时,带有淘汰与克隆机制的鱼群算法的最优解精度和解的稳定性均优于基本鱼群算法。淘汰与克隆机制对算法执行时间的影响极小,几乎可以忽略不计。显然,与基本人工鱼群算法相比,带有淘汰与克隆机制的人工鱼群算法耗时增加是执行淘汰与克隆机制导致。当迭代次数减少时,算法参数较为苛刻时,淘汰与克隆机制的作用效果更为明显。在基本人工鱼群算法中,迭代次数少,有效人工鱼数量不足,人工鱼不能充分寻优,到达全局最优的概率降低,导致最优解稳定性不足。采用淘汰与克隆机制后,克隆了高适应度的人工鱼个体,代替了低适应度的个体,促使人工鱼个体加速向全局最优邻域聚集,使有效人工鱼数量增加,提高了全局最优邻域范围内人工鱼个体的密度,在较少的迭代次数内,也能保证最优解的精度和稳定性。

图 4-5 所示是带淘汰与克隆机制的人工鱼群算法在算法执行过程中人工鱼个体分布变化图。由图 4-5(a)可知,算法开始随机初始化 50 条人工鱼分布在二维坐标 $X \in [-10, 10]$、$Y \in [-10, 10]$ 内。算法执行过程中,由于受到淘汰与克隆机制的作用,适应度低的人工鱼个体被淘汰,局部最优邻域的人工鱼个体逐渐减少。如图 4-5(b)所示,通过两次迭代后即可发现局部最优邻域内的人工鱼个体减少。随着迭代次数的增加,每次迭代后局部最优邻域的人工鱼个体逐步减少,直到所有人工鱼聚集在全局最优邻域内。在局部最优邻域处的人工鱼个体减少的同时,相同数目的精英个体被克隆,克隆产生的精英个体用于替代被淘汰的劣化个体,全局最优邻域外的人工鱼个体逐步减少,有效人工鱼和精英个体数量逐步增加。最终人工鱼在淘汰与克隆机制的作用下逐渐向全局最优(0,0)处聚集。如图 4-5(f)所示,最终所有人工鱼聚集在全局最优(0,0)邻域很小范围内,其渐变过程如图 4-5 所示。

在带有淘汰与克隆机制的鱼群算法中,精英人工鱼群中高适应度的人工鱼克隆多少?对算法影响如何?仍然以函数 F_1 为实验对象,研究不同克隆比例的精英人工鱼个体对算法性能的影响。

表 4-4　不同克隆比例下算法参数

参数组别	鱼群规模	迭代次数	视野	步长	觅食尝试次数	拥挤度因子	克隆比例	执行次数
一	50	10	2	1	10	0.618	0.02	10
二	50	10	2	1	10	0.618	0.06	10
三	50	10	2	1	10	0.618	0.1	10
四	50	10	2	1	10	0.618	0.2	10

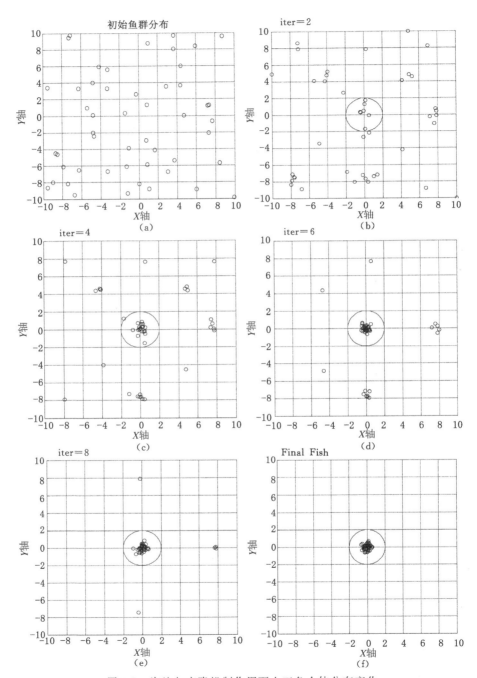

图 4-5 淘汰与克隆机制作用下人工鱼个体分布变化

分别采用四组不同算法参数对函数 F_1 进行实验,除了对精英人工鱼群的克隆比例不同外其他参数均一致,对比克隆比例对算法性能的影响,结果如表 4-5 所示。

表 4-5　不同克隆比例实验结果

次数	参数组别							
	一		二		三		四	
	函数值	时间/s	函数值	时间/s	函数值	时间/s	函数值	时间/s
1	0.999 9	0.212 2	0.999 9	0.210 3	0.999 8	0.212 9	1.000 0	0.230 9
2	0.999 8	0.209 6	0.999 9	0.219 5	0.999 9	0.216 2	0.999 9	0.217 9
3	0.999 2	0.202 5	1.000 0	0.218 3	1.000 0	0.215 3	0.999 7	0.222 2
4	0.999 5	0.208 4	1.000 0	0.215 5	1.000 0	0.228 1	0.999 9	0.226 6
5	0.999 6	0.213 0	1.000 0	0.211 6	1.000 0	0.221 7	0.999 9	0.223 4
6	0.999 7	0.197 4	0.999 9	0.218 7	1.000 0	0.218 3	1.000 0	0.224 0
7	0.999 8	0.210 6	0.999 9	0.213 8	1.000 0	0.215 4	0.999 9	0.218 3
8	0.999 7	0.221 2	0.999 9	0.216 0	0.999 9	0.218 0	1.000 0	0.226 1
9	0.998 5	0.206 9	0.999 9	0.207 3	0.999 8	0.228 0	1.000 0	0.217 4
10	0.999 7	0.206 3	0.999 9	0.217 5	0.999 8	0.221 5	0.999 9	0.223 8

由表 4-5 可知,当人工鱼个体的克隆比例不同时,对最优解精度产生了影响,对算法执行时间几乎没有影响。提高人工鱼个体的克隆比例时,全局最优解的精度提高,算法稳定性也随之增强。当克隆比例增加到一定程度时算法保持稳定,全局最优解精度以及解的稳定性均不能再优化。在算法执行过程中,精英人工鱼群中的个体数是一定的,在每次迭代过程中若要克隆的人工鱼个体数超过精英人工鱼群个体总量时,此时除精英人工鱼群个体全部被克隆外,也会克隆部分非精英人工鱼个体。克隆产生的新精英人工鱼个体适应度较高,能扩大有效人工鱼比例,提高算法性能。克隆的非精英人工鱼个体,替代了原来的非精英人工鱼个体,人工鱼群体整体适应度没有本质变化,无法再提高算法性能。因此,当克隆的个体数量在精英人工鱼群总量范围内变化时,会影响算法性能;克隆数量超过精英人工鱼群总量时,算法性能提升已达极限,不会再影响寻优结果。

图 4-6 为人工鱼个体克隆比例变化时,人工鱼个体最终分布比较图。与表 4-5 的实验结果以及分析相一致,即提高人工鱼个体克隆比例能促使人工鱼个

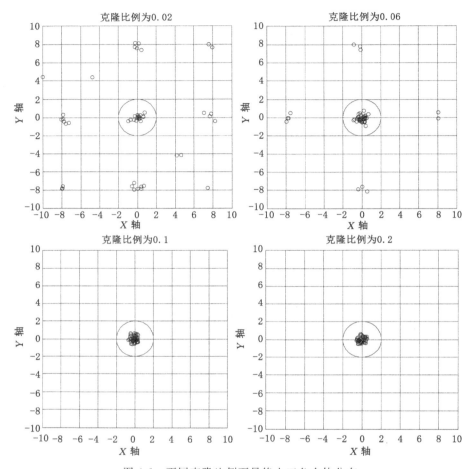

图 4-6 不同克隆比例下最终人工鱼个体分布

体快速向全局最优聚集,增加精英人工鱼群个体数量,提高算法性能。当克隆数量达到当前精英人工鱼群总量时,克隆比例不再对算法有显著影响。当克隆比例为 0.02 时,虽然在算法结束时有效人工鱼有所增加,但局部最优邻域仍然存在大量的人工鱼个体。随着克隆比例的增加,当克隆比例为 0.06 时,在算法结束时局部最优邻域内的人工鱼个体比原先减少,但在局部最优邻域还是存在部分人工鱼个体。当克隆比例为 0.1 时,在算法执行完毕时局部最优邻域已经没有人工鱼个体。继续增加克隆比例到 0.2,对算法也几乎没有影响,即克隆数量超过精英人工鱼群总量时,算法性能提升已达极限,不会再影响寻优结果。

对于全局最优邻域存在函数形态突变、全局最优解隐蔽的优化问题,采用淘汰与克隆机制可能会造成人工鱼向局部最优聚群的副作用。由于全局最优点在向全局最优邻域过渡的区域存在形态突变,人工鱼个体在寻优过程中极易错过该区域,导致局部最优邻域的人工鱼适应度处于整个种群的顶端。以函数 F_2 为实验对象,研究淘汰与克隆机制对该类问题的影响,算法参数如表 4-6 所示。

表 4-6　淘汰与克隆机制执行不同次数时的算法参数

参数组别	鱼群规模	迭代次数	视野	步长	觅食尝试次数	拥挤度因子	淘汰数量	执行次数
一	50	20	2	0.1	10	0.618	3	1
二	50	20	2	0.1	10	0.618	5	2
三	100	50	2	0.1	10	0.618	5	3
四	100	50	2	0.1	10	0.618	10	4

如表 4-7 所示,对于全局最优点在向全局最优邻域过渡的区域存在形态突变的问题,随着淘汰个体数量的增加,最优解精度没有明显提高,算法稳定性反而下降,容易陷入局部最优。此时,当种群规模和迭代次数增加时,这一现象有所缓解。因此,淘汰与克隆机制对此类问题作用效果有限,运用不当反而会产生副作用,导致算法稳定性下降。

表 4-7　淘汰与克隆机制执行不同次数的实验结果

次数	参数组别							
	第一组		第二组		第三组		第四组	
	函数值	时间/s	函数值	时间/s	函数值	时间/s	函数值	时间/s
1	3.5997×10^3	0.5782	3.5998×10^3	0.6116	3.6000×10^3	2.5889	3.6000×10^3	2.4034
2	2.7438×10^3	0.5607	3.5999×10^3	0.6257	3.5997×10^3	2.5850	3.6000×10^3	2.3986
3	3.5999×10^3	0.6090	2.7429×10^3	0.5521	3.6000×10^3	2.5808	2.7459×10^3	2.1243
4	3.5989×10^3	0.5861	2.7485×10^3	0.5304	3.5997×10^3	2.4902	3.5995×10^3	2.4387
5	3.6000×10^3	0.6080	3.5996×10^3	0.6766	3.5995×10^3	2.4786	2.7417×10^3	2.0823
6	3.5988×10^3	0.5785	3.5992×10^3	0.6161	3.6000×10^3	2.6131	3.5999×10^3	2.4609
7	2.7455×10^3	0.5186	2.7445×10^3	0.5393	3.5997×10^3	2.6241	2.7470×10^3	2.2331
8	3.5980×10^3	0.5715	3.5995×10^3	0.6110	3.6000×10^3	2.3479	3.5998×10^3	2.3842
9	3.5994×10^3	0.6161	2.7446×10^3	0.5426	3.5999×10^3	2.3420	3.6000×10^3	2.3527
10	3.5951×10^3	0.5508	3.5995×10^3	0.6590	2.7462×10^3	2.0509	2.7467×10^3	2.1202

4.3.4 算法分析

采用淘汰与克隆机制对鱼群算法进行改进后,有效人工鱼个体比例提高,算法寻优效率提高。但当全局最优突出时,可能会导致陷入局部最优。因此,在采用该改进方法时,可适当降低克隆比例,或在算法后期进行淘汰与克隆机制的操作,使算法在前期能充分寻优,避免早熟。

淘汰与克隆机制是对人工鱼个体更新方式的改进,在四种基本行为的基础上融入了仿生进化措施。该改进措施不会导致算法的迭代次数和种群规模的变化,因此改进后的算法与基本算法相比较,所需的存储空间不会增加,同时改进后的算法时间复杂度也不会提高。淘汰与克隆机制在改善算法性能的同时,也保证了改进后的算法复杂度不变,不会增加运算成本。

4.4 基于有性生殖的人工鱼群算法

4.4.1 算法原理

标准进化策略的基本原理流程如下:初始种群→重组(更新个体)→变异(更新个体)→适应度评价→选择(群体更新)。在标准进化策略中采用的是重组算子和高斯变异算子实现个体更新。在早期的进化策略研究中只使用变异操作,变异后的个体与其父代进行比较,二选其一,未能体现模拟生物有性生殖的进化思想。随着进化策略研究的发展,开始使用多个亲本来生成子代,与生物进化的有性生殖思想有了相通之处。施韦费尔(Schwefel)在早期研究的基础上提出使用多个亲本和子代,后来分别构成了 $(\mu+\lambda)$ -ES 和 (μ,λ) -ES 两种进化策略。在 $(\mu+\lambda)$ -ES 模式中,由 μ 个父代通过重组和变异,生成 λ 个子代,且父代和子代同时参与适应度选择,选出适应度最高的 μ 个个体作为下一代种群。在 (μ,λ) -ES 模式中,由 μ 个父代生成 λ 个子代,且只有子代参与适应度选择,选出适应度最高的 μ 个个体作为下一代种群,完全替代了原来的 μ 个父代个体。

本节采用类似于 (μ,λ) -ES 模式的进化方式,但与 (μ,λ) -ES 模式存在以下区别。只有部分个体作为父代个体,即从所有个体中选择适应度较高的部分个体作为父代。生成的子代个体不替代原来的父代个体,而是替代整个种群中适应度最低的部分个体,其过程如下。

如式(4-3)所示,在算法执行过程中每完成一次迭代后,对更新后的人工鱼个体依据其适应度函数值,对其进行排序。在精英鱼群中,随机选择 j 条人工鱼作为一组父本 Y_i,j 为淘汰人工鱼个体条数,精英鱼群的规模可预设为 j 的 2 至

3倍。再选择适应度最高的 j 条人工鱼个体,作为另一组父本 X_i。如式(4-4)所示,两组父本通过有性生殖,产生的新的一组子代鱼群为 Z_i,适应度处于末端的人工鱼则被淘汰。如式(4-4)和式(4-5)所示,通过有性生殖产生了 j 条新的人工鱼,同时适应度处于种群最末端的 j 条人工鱼被淘汰,人工鱼群体规模保持不变。

$$f(X_1) > f(X_2) > \cdots > f(X_{N-1}) > f(X_N) \tag{4-3}$$

$$X_i \otimes Y_i \rightarrow Z_i \tag{4-4}$$

$$X_{N+1-i} = Z_i (i = 1, 2, \cdots, j) \tag{4-5}$$

染色体构造方面,也与遗传算法使用的二进制编码不同,进化策略采用传统的十进制编码方式。如式(4-6)所示,X 为染色体个体的目标变量,即子代人工鱼个体;σ 为高斯变异标准差;每个 X 有 L 个基因位,可认为是寻优变量维数。

染色体重组是将参与重组的父代染色体上的基因进行交换,形成下一代的染色体的过程。常用的有离散重组、中间重组和混杂重组。子代鱼群的生成方式采用类似中间重组方式的权值可调重组法,从而得到子代人工鱼个体对应的基因。中间重组过程如下:

$$(X, \sigma) = [(x_1, x_2, \cdots, x_L), (\sigma_1, \sigma_2, \cdots, \sigma_L)] \tag{4-6}$$

$$\begin{cases} (X^i, \sigma^i) = [(x_1^i, x_2^i, \cdots, x_L^i), (\sigma_1^i, \sigma_2^i, \cdots, \sigma_L^i)] \\ (X^j, \sigma^j) = [(x_1^j, x_2^j, \cdots, x_L^j), (\sigma_1^j, \sigma_2^j, \cdots, \sigma_L^j)] \end{cases} \tag{4-7}$$

$$(X, \sigma) = \{[(x_1^i + x_1^j)/2, (x_2^i + x_2^j)/2, \cdots, (x_L^i + x_L^j)/2],$$
$$[(\sigma_1^i + \sigma_1^j)/2, (\sigma_2^i + \sigma_2^j)/2, \cdots, (\sigma_L^i + \sigma_L^j)/2]\} \tag{4-8}$$

通过中间重组,子代继承了两个父代个体的特性。

在中间重组的基础上,提出了一种权值可调重组法,其原理如式(4-9)和式(4-10)所示。

$$(X, \sigma) = [(\alpha x_1^i + \beta x_1^j, \alpha x_2^i + \beta x_2^j, \cdots, \alpha x_L^i + \beta x_L^j), (\alpha \sigma_1^i + \beta \sigma_1^j,$$
$$\alpha \sigma_2^i + \beta \sigma_2^j, \cdots, \alpha \sigma_L^i + \beta \sigma_L^j)] \tag{4-9}$$

$$\alpha + \beta = 1 \tag{4-10}$$

权值可调重组法改进了父代个体各取一半的固定模式。中间重组法可看成是权值可调重组法的特例。采用权值可调重组法后,可根据优化对象的特点和父代个体选择的不同,灵活设置不同的权重,使子代个体的特性得以提高。同时某些情况下还可采用随机权重,得到随机权值重组法,增强进化的随机性与突现性,与生物进化更为相似。

选择作为进化策略中的重要操作,起到引领种群进化方向的作用。通过适应度的比较或者依据概率从种群中选择出优良个体,形成新的种群,从而使种群整体趋向更优。进化策略的选择是完全确定的选择,它只依据适应度对种群中的个体进行排序,选择较优的,替代适应度低的个体。在 $(\mu+\lambda)$ — ES 模式中,父代和子代同时作为备选对象,进行适应度的比较,对子代数量没有限制,备选种群的规模较大,得出较优个体的概率也相应提高,但系统消耗的资源也相应增加,降低了收敛速度。在 (μ,λ) — ES 模式中,只有子代个体作为备选对象,选择其中最好的 μ 个个体作为下一代的父代。从表面上看,$(\mu+\lambda)$ — ES 模式似乎优于 (μ,λ) — ES 模式,$(\mu+\lambda)$ 的备选种群大于 (μ,λ),使种群的进化过程表现出单调上升的趋势。但在 $(\mu+\lambda)$ — ES 模式中父代被保留与子代共同进行适应度评估,由于父代的参与,存在将局部最优保留的概率,导致最终收敛于局部最优。(μ,λ) — ES 模式将父代个体全部舍弃,使算法始终从新的基础上全方位进化,更容易进化至全局最优解。研究实践表明,(μ,λ) — ES 模式优于 $(\mu+\lambda)$ — ES 模式,成为当前进化策略的主流。

本节在充分研究 (μ,λ) — ES 模式和 $(\mu+\lambda)$ — ES 模式的基础上,提出了一种新的人工鱼有性生殖方式。从全体人工鱼种群中的精英人工鱼群中选择父代个体,即只有适应度高的个体作为父代。然后采用权值可调重组法生成新的群体,替代上一代种群中适应度低的个体。该种模式确保了父代的优秀性,同时也保留了父代,且父代也不参与选择,新的子代替代了上一代适应度低的个体,进化方式优于 (μ,λ) — ES 模式和 $(\mu+\lambda)$ — ES 模式[175]。

借助于有性生殖的思想和优点,采用权值可调重组法对人工鱼群体进行更新能防止人工鱼种群趋于同质化,避免种群多样性水平的降低,提高人工鱼群体对搜索空间的寻优能力。通过模拟有性生殖,人工鱼每执行一次鱼群更新,部分适应度较低的个体就被适应度高的子代个体所取代,加速了人工鱼种群整体适应度的提高。精英人工鱼群总量增加,使有效人工鱼的比例逐步增加,在全局最优邻域内的个体数量增加,提高了精英个体的分布密度,有利于算法收敛效率和解的精度提高,从而使算法性能得到改进。

4.4.2　算法步骤

step 1. 初始化人工鱼群算法参数,随机生成 N 条人工鱼,形成初始人工鱼种群,初始化人工鱼有性生殖参数。

step 2. 算法开始,人工鱼个体分别执行觅食、聚群和追尾行为,并选择适应度最高的人工鱼个体状态作为更新状态。

step 3. 按人工鱼个体适应度高低进行排序,淘汰适应度最低的部分个体,进行权值可调重组,产生新的人工鱼个体替代淘汰个体,更新鱼群。

step 4. 判断是否满足公告牌更新条件,若满足则更新公告牌状态。

step 5. 判断算法是否满足终止条件,若满足,输出最优解,算法结束,否则

iter＝iter＋1，转 step 2。

4.4.3　实验研究

采用函数 F_1、F_2、F_3 对基于有性生殖的进化人工鱼群算法进行性能测试，并将基于有性生殖的人工鱼群算法(SR)与带有淘汰与克隆机制的人工鱼群算法(ECM)进行比较研究。仿真条件同上，表 4-8 为函数 F_1 的测试参数。

表 4-8　SR 算法函数 F_1 的测试参数

算法	鱼群规模	迭代次数	视野	步长	觅食尝试次数	拥挤度因子	淘汰条数	执行次数
ECM	50	10	2	1	10	0.618	3	10
SR	50	10	2	1	10	0.618	3	10
ECM	50	10	2	1	10	0.618	10	10
SR	50	10	2	1	10	0.618	10	10

分别采用两组不同算法参数对函数 F_1 进行实验，两组参数只有淘汰条数不同，每组参数分别采用基于有性生殖的人工鱼群算法和带有淘汰与克隆机制的人工鱼群算法进行实验，其结果如表 4-9 所示。

表 4-9　不同淘汰比例实验结果

次数	算法							
	ECM		SR		ECM		SR	
	函数值	时间/s	函数值	时间/s	函数值	时间/s	函数值	时间/s
1	0.999 9	0.231 8	0.999 8	0.242 1	0.999 9	0.248 7	1.000 0	0.256 7
2	0.999 7	0.226 1	0.999 9	0.238 8	0.999 9	0.233 4	0.999 8	0.250 6
3	0.999 7	0.230 9	1.000 0	0.239 3	1.000 0	0.214 0	0.999 9	0.258 9
4	1.000 0	0.228 9	0.999 7	0.230 1	1.000 0	0.242 1	1.000 0	0.249 0
5	0.999 9	0.246 8	0.999 7	0.250 2	1.000 0	0.263 0	0.999 9	0.245 5
6	0.999 9	0.245 9	0.999 8	0.254 2	0.999 9	0.224 3	0.999 8	0.239 1
7	0.999 8	0.236 1	0.999 6	0.244 2	0.999 9	0.216 0	1.000 0	0.247 5
8	0.999 8	0.231 2	1.000 0	0.234 3	0.999 8	0.225 1	0.999 9	0.240 8
9	0.999 9	0.217 8	0.999 9	0.236 9	0.999 9	0.228 5	1.000 0	0.233 9
10	0.999 5	0.215 6	0.999 7	0.287 8	0.999 9	0.229 5	1.000 0	0.242 5

对表 4-9 中 ECM、SR 算法采用不同淘汰比例的测试结果进行置信度为 0.05 的方差分析。因 $F_{0.05}(1,18)=4.413\ 87 < F_{ECM比}=4.84$，也小于 $F_{SR比}=5.634\ 78$，所以改变淘汰比例后的测试结果数据与改变之前均存在显著差异。

由表 4-9 可知，采用有性生殖对基本人工鱼群算法改进后，其最优解精度与采用淘汰与克隆机制改进的人工鱼群算法基本相当，算法执行所需时间也无明显差异，其总体性能与采用淘汰与克隆机制改进的效果基本相当。当优化对象的全局最优处不存在形态突变时，局部最优现象不突出时，基于无性生殖的淘汰与克隆机制和基于有性生殖的权值可调重组法均能实现较好的寻优的效果，两者的作用效果无明显差异。但根据上文对淘汰与克隆机制的作用效果分析，当优化对象存在较为突出的局部最优时，淘汰与克隆机制的优化效果不理想，这时可考虑采用基于有性生殖的权值可调重组法。

由图 4-7 可知，通过权值可调重组法，人工鱼个体也能加速向全局最优邻域聚集，但人工鱼分布变化速度较淘汰与克隆机制作用下的人工鱼个体分布变化速度慢。通过权值可调重组法产生的子代鱼群既保留父代的高适应度特性，快速向全局最优邻域聚集，又保持了一定的随机性，部分子代在搜索空间中继续寻优，保证种群的多样性。因此，在算法执行过程中，保留了部分人工鱼个体在全局最优邻域外的区域进行搜索，直到完成搜索过程，被新个体取代。

采用函数 F_2 对基于有性生殖的进化人工鱼群算法进行性能测试，并将基于有性生殖的人工鱼群算法中淘汰不同比例人工鱼个体时的实验结果进行比较研究。仿真条件同上，表 4-10 为函数 F_2 的测试参数，实验结果如表 4-11 所示。

表 4-10　SR 算法函数 F_2 的测试参数

参数组别	鱼群规模	迭代次数	视野	步长	觅食尝试次数	拥挤度因子	淘汰数量
一	50	50	2	0.1	10	0.618	0
二	50	50	2	0.1	10	0.618	2
三	50	50	2	0.1	10	0.618	5
四	50	50	2	0.1	10	0.618	10

将表 4-11 中第一组测试结果分别与第二、第三和第四组的测试结果进行置信度为 0.05 的方差分析。因 $F_{0.05}(1,18)=4.413\ 87$，小于 $F_{1比}=6.523\ 89$，小于 $F_{2比}=7.653\ 79$，也小于 $F_{3比}=7.805\ 99$，所以采用基于有性生殖方式的权值可调重组法改进后，测试结果数据与改进之前存在显著差异。

由表 4-11 可知，对人工鱼种群采用权值可调重组法后，最优解精度以及算

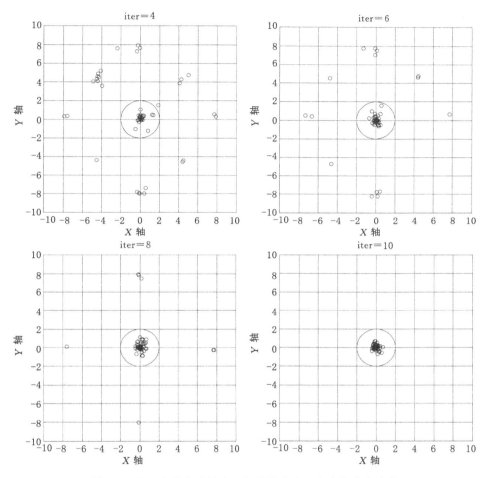

图 4-7　基于有性生殖的人工鱼群算法人工鱼个体分布变化

法稳定性提高明显，但算法耗时略有增加。子代更新人工鱼个体条数的增加，能进一步提高算法性能，但当更新个体的规模达到一定程度时，算法性能提升达到极限。与表 4-7 的淘汰与克隆机制作用效果比较，在处理全局最优邻域存在形态突变问题以及存在突出的局部最优现象的优化问题时，权值可调重组法具有明显优势。在寻优空间人工鱼个体分布密度相同的情况下，基于有性生殖进化策略的人工鱼群算法没有陷入局部最优，避免了淘汰与克隆机制存在的不足。

表 4-11　权值可调重组法作用下不同淘汰数量实验结果

次数	参　数							
	第一组		第二组		第三组		第四组	
	函数值	时间/s	函数值	时间/s	函数值	时间/s	函数值	时间/s
1	3.5937×10^3	0.7587	3.5990×10^3	0.9128	3.6000×10^3	0.9291	3.5998×10^3	1.0601
2	3.5998×10^3	0.7512	3.6000×10^3	0.9158	3.6000×10^3	0.9357	3.5999×10^3	0.9458
3	3.5995×10^3	0.7444	3.5982×10^3	0.8585	3.6000×10^3	0.8580	3.5995×10^3	0.9221
4	3.5888×10^3	0.7529	3.5997×10^3	0.9050	3.5997×10^3	0.9325	3.6000×10^3	0.9155
5	3.5980×10^3	0.7625	3.5994×10^3	0.8740	3.5995×10^3	0.9485	3.5999×10^3	0.9401
6	3.5977×10^3	0.7540	3.6000×10^3	0.9231	3.5994×10^3	0.8962	3.5999×10^3	0.9443
7	3.5921×10^3	0.7534	3.5996×10^3	0.8511	3.5998×10^3	0.8880	3.5995×10^3	0.9380
8	3.5986×10^3	0.7482	3.5999×10^3	0.8696	3.5998×10^3	0.9434	3.5996×10^3	0.9530
9	3.5980×10^3	0.7547	3.5997×10^3	0.8020	3.5995×10^3	0.9170	3.5996×10^3	0.9179
10	3.5990×10^3	0.7593	3.5999×10^3	0.8973	3.5999×10^3	0.9467	3.5999×10^3	0.9471

　　由于权值可调重组法的一组父本是在精英人工鱼群中随机挑选产生,具有极大的不确定性,另一组父本选择的是适应度最高的个体。因此通过权值可调重组法产生的子代个体的特性保持了较好的多样性,既可能有高适应度的个体,也可能有其他优良特性的个体。正是这种不确定性,保持了人工鱼种群的多样性特征,避免了淘汰与克隆机制使种群同质化、人工鱼向局部最优聚集的情况。

4.4.4　算法分析

　　正是由于采用了有性生殖方式的子代鱼群更新方式,种群的多样性被保护,人工鱼能对寻优空间有更多的了解,防止算法早熟。通过改变权值可调重组法的权值参数,可以将淘汰与克隆机制变成权值可调重组法的一种特殊形式,即随机选取的另一组父本的权重为零时,此时子代鱼群变成完全由父代鱼群克隆。显然淘汰与克隆机制是权值可调重组法的一种特殊形式,权值可调重组法比淘汰与克隆机制有更大的优势。

　　人工鱼的有性生殖是对基于无性生殖的淘汰与克隆机制的补充,进一步丰富了人工鱼群算法的仿生学基础。同时人工鱼的有性生殖不会导致算法的迭代次数和种群规模的变化,因此算法所需的存储空间也不会增加。同时改进后的算法时间复杂度也不会发生变化。人工鱼的有性生殖既改善了算法性能,又丰富人工鱼群算法的仿生学基础,同时也保证了改进后的算法复杂度不变,不会造成运算成本的增加。

　　淘汰与克隆机制通过淘汰劣化个体，克隆精英个体，实现了有效人工鱼数目增加、寻优效率提高的目的，但使种群易于趋向于同质化。对于全局最优邻域存在形态突变的优化问题，淘汰与克隆机制有可能会导致算法陷入局部最优。基于有性生殖的权值可调重组法生成子代鱼群，使子代鱼群的特性更具有多样性，父代个体选择的不确定性和权值调整的多样性，在提高种群整体适应度的基础上保证了群体多样性，其效果优于淘汰与克隆机制。

5 混合人工鱼群算法研究

在优化算法的改进研究中，当分别单独应用某一种方法进行改进时，如算法参数改进、算法仿生学基础改进等，能对算法性能的提高有一定的积极作用，但效果往往还不理想。在某些情况下单一的改进措施不一定能达到算法性能提升的目的，甚至会降低原算法的性能，使该方法成为一种不可行方案。当将两种或两种以上改进方法同时应用时，却可能将原来的不可行改进方法变得可行，且达到较好的改进效果。因此根据问题性质，掌握改进方案的作用机理，应用合适的改进方案才能达到算法性能提高的目的。本章首先研究增加跳跃行为后的人工鱼群算法，并验证其作用效果。将人工鱼视野和步长的分段自适应改进、人工鱼种群进化策略改进相结合，形成分段自适应进化人工鱼群算法。以基本粒子群算法作为其他群体智能优化算法的典型代表，研究人工鱼群算法与粒子群算法相结合的混合人工鱼群算法。

5.1 研究概况

由上文分析可知，无论是基于算法参数变化的改进，还是模拟生物行为方式的改进措施，都属于单一方法的改进思路。单一的改进方式对算法性能的提升总是有限的，基于单一思想的改进方式必然会遇到瓶颈问题。融合多种改进方式以及与其他智能算法相结合的混合算法，是从多角度充分利用可行措施对算法进行有效改进的一种新模式。

人工鱼群算法中人工鱼个体的基本行为方式都是从生物鱼类的行为抽象得出，但生物鱼类还存在其他行为，如跳跃行为等。因此研究从生物鱼类的其他行为中抽象出完善人工鱼个体的其他行为方式也是研究的一个方面。人工鱼的跳跃行为与其他四种行为方式还存在一定区别，在所有的变种人工鱼群算法中，这四种行为都是相同或基本一致的。但跳跃行为在优化对象性质不同时，往往应用的方式也各异。如利用跳跃行为突破人工鱼步长和视野限制，寻求更高的全局收敛可能性。本章针对适应度最低的部分人工鱼群体，采用了跳跃行为，该部分人工鱼在寻优空间内随机跳跃，希望提高该部分群体适应度，其他人工鱼个体不参与跳跃行为。这也是跳跃行为没有归入基本人工鱼群算法的一个原因。

　　人工鱼群算法与其他智能算法相融合的混合算法研究也逐渐被重视，如基本粒子群算法等。将粒子群和人工鱼群分别作为两个独立群体，分别进行寻优。采用人工鱼群算法在寻优空间内快速搜索，找出全局最优邻域，避免局部最优的影响，同时利用基本粒子群算法快速收敛的能力，提高人工鱼群算法的收敛速度和求解精度。人工鱼群算法与基本粒子群算法还能形成并行算法，在寻优时可以将人工鱼群算法中的最优人工鱼个体状态赋给粒子，也可将基本粒子群算法中的最优粒子状态赋给人工鱼，通过粒子群和人工鱼群的相互作用，提高种群的寻优效率。粒子群与人工鱼群算法的融合也可利用人工鱼群算法克服局部最优能力强的特征，先采用人工鱼群搜索到初步解，再利用粒子群进行快速局部搜索，所得混合算法具有较快的收敛速度和全局收敛能力[171]。

　　人工鱼群算法还可与其他智能方法相融合，从而形成混合人工鱼群算法，目的是融合各种方法的优点以提高混合鱼群算法的总体性能，其中包括混沌人工鱼群算法、量子人工鱼群算法、模拟退火人工鱼群算法等。混合人工鱼群算法的研究仍有待深入，对于一些复杂优化问题，其收敛速度和全局收敛能力还需进一步改进。

5.2　含有跳跃行为的人工鱼群算法

　　在自然水域中，当鱼类个体察觉威胁、受惊或陷入困境无法摆脱时，会产生应激反应的跳跃行为，希望借助于跳跃到达安全区域。鱼类的跳跃行为，可以使它们暂时脱离水体，实现摆脱当前困境到达新的水体的目的。然而，在现实中也存在这样的现象，鱼类在跳跃后并未脱离困境，甚至陷入更加危险的环境，例如跳跃到了陆地再也无法回到水体。跳跃行为是鱼类个体对不利环境的应激反应，并不能让所有鱼类个体全部脱困，但当群体不停跳跃时，总有部分个体有机会跳出威胁区域。例如在围网捕鱼时，不停跳跃的鱼群中总有漏网之鱼。因此，当威胁来临时，鱼群在整体跳跃过程中存在部分个体成功脱困的概率。

5.2.1　人工鱼跳跃行为原理

　　受到鱼类对不利环境应激反应的跳跃行为的启发，在人工鱼群算法中引入人工鱼的跳跃行为。如式(5-1)所示，在人工鱼寻优过程中，按每条人工鱼个体的适应度对其群体进行排序，定义适应度最低的人工鱼群体为受困鱼群，对受困鱼群实施跳跃行为。跳跃行为的实施方式为在搜索空间范围内对人工鱼个体赋予了一个新的随机状态，实现对生物鱼类跳跃后落点不确定的模拟。通过搜索空间范围对新状态的约束,避免了像生物鱼类一样跳跃至陆地的情况。如式(5-2)所示,为人工鱼个体跳跃行为的实施方式,其中 D 为寻优空间,j 为进行跳跃行为的人工鱼条数。图 5-1 所示为受困人工鱼群的跳跃行为示意图。

$$f(X_1) < f(X_2) < \cdots < f(X_{N-1}) < f(X_N) \tag{5-1}$$

$$X_i = \text{rand}(D), (i = 1, 2, \cdots, j) \tag{5-2}$$

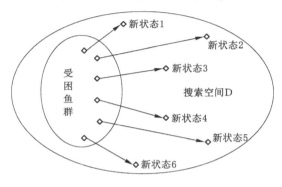

图 5-1　人工鱼群跳跃行为示意图

5.2.2　实验研究

采用函数 F_2 对含有跳跃行为的人工鱼群算法(JAFSA)进行性能测试,并分别对基本人工鱼群算法(BAFSA)、带有淘汰与克隆机制的人工鱼群算法(ECM)和含跳跃行为的 ECM(JECM)进行比较研究。仿真条件同上,表 5-1 为函数 F_2 的实验参数,实验结果如表 5-2 所示。

表 5-1　带跳跃行为的鱼群算法参数

算法类型	鱼群规模	迭代次数	视野	步长	觅食尝试次数	拥挤度因子	淘汰数量	跳跃数量
AFSA	60	100	2	0.1	10	0.618	0	0
ECM	60	100	2	0.1	10	0.618	3	0
JAFSA	60	100	2	0.1	10	0.618	0	30
JECM	60	100	2	0.1	10	0.618	3	30

由表 5-2 以及第 4 章的分析可知,对于函数 F_2 这一类型的问题,淘汰与克隆机制虽然能提高解的精度,但会导致算法早熟,因为函数 F_2 在其全局最优邻域周围存在形态突变,能导致人工鱼陷入局部最优。在基本鱼群算法的基础上

融合进人工鱼的跳跃行为后,陷入局部最优的问题得到解决,但跳跃行为不能提高全局最优解的精度。在函数 F_2 这类问题的优化中,单独应用淘汰与克隆机制或人工鱼的跳跃行为均不能到达较满意的结果。但融合进人工鱼的跳跃行为后,改进效果则有明显提高,避免了其中单一改进方式的弊端,改善了算法的性能,具有克服局部最优干扰的能力。由实验结果可知,跳跃行为是人工鱼基本行为模式的一个补充,有分散人工鱼个体的作用,对人工鱼聚群不利。根据这一特性,将适应度最低的部分人工鱼个体进行随机跳跃分散,对适应度较高的个体保持其状态不变,降低跳跃行为对鱼群算法内聚性的不利影响,有助于远离全局最优的人工鱼个体发现全局最优。

表 5-2 带跳跃行为的鱼群算法测试结果

次数	算 法							
	BAFSA		ECM		JAFSA		JECM	
	函数值	时间/s	函数值	时间/s	函数值	时间/s	函数值	时间/s
1	$3.588\,0\times10^3$	2.238 9	$2.748\,3\times10^3$	2.422 5	$3.598\,1\times10^3$	2.548 8	$3.599\,8\times10^3$	2.509 9
2	$3.591\,2\times10^3$	2.352 1	$3.600\,0\times10^3$	2.576 3	$3.592\,5\times10^3$	2.627 2	$3.599\,8\times10^3$	2.351 2
3	$3.599\,1\times10^3$	2.384 2	$2.748\,8\times10^3$	2.917 4	$3.594\,3\times10^3$	2.698 8	$3.599\,5\times10^3$	2.386 5
4	$2.748\,8\times10^3$	2.411 7	2.748×10^3	3.068 3	$3.590\,0\times10^3$	2.768 1	$3.599\,9\times10^3$	2.741 2
5	$3.594\,8\times10^3$	2.382 2	$3.599\,8\times10^3$	2.694 7	$3.599\,5\times10^3$	2.481 4	$3.599\,6\times10^3$	2.428 4
6	$3.596\,7\times10^3$	2.442 5	$3.599\,2\times10^3$	2.423 2	$3.596\,3\times10^3$	2.609 6	$3.599\,8\times10^3$	2.399 2
7	$3.595\,1\times10^3$	3.725 8	$3.599\,8\times10^3$	2.364 7	$3.588\,8\times10^3$	2.593 2	$3.599\,8\times10^3$	2.463 1
8	$3.598\,9\times10^3$	2.771 6	$2.748\,8\times10^3$	2.095 3	$3.596\,5\times10^3$	2.369 0	$3.599\,8\times10^3$	2.493 2
9	$3.599\,4\times10^3$	2.978 1	$3.599\,7\times10^3$	2.401 9	$3.597\,8\times10^3$	2.421 1	$3.599\,5\times10^3$	2.456 3
10	$3.597\,8\times10^3$	2.423 4	$3.599\,7\times10^3$	2.201 7	$3.597\,8\times10^3$	2.574 8	$3.599\,8\times10^3$	2.452 3

如图 5-2 所示,在算法执行过程中出现了陷入局部最优的情形。在迭代过程中,通过人工鱼的多次跳跃行为,使人工鱼个体摆脱了局部最优的干扰,最终成功到达全局最优。

对表 5-2 中带有跳跃行为的人工鱼群算法的实验数据,分别与其对应的不带跳跃行为的人工鱼群算法的实验数据进行置信度为 0.05 的方差分析。因为 $F_{0.05}(1,18)=4.413\,87$,大于 $F_{\text{BAFSA比}}=0.987\,701$,小于 $F_{\text{ECM比}}=6.001\,06$,所以单纯混合跳跃行为后,实验结果差异并不显著,但陷入局部最优的问题得到了改善,这也与跳跃行为设计初衷相符。跳跃行为和淘汰与克隆机制共同运用后,实

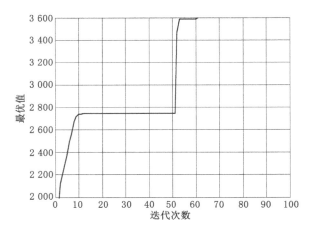

图 5-2　带有跳跃行为的人工鱼群算法收敛曲线

验结果与单纯应用淘汰与克隆机制时存在显著差异,算法性能改进显著。

人工鱼的跳跃行为主要用于融合其他改进方案,配合解决复杂优化问题,通过多次迭代使受困鱼群以跳跃行为实现到达搜索空间的多个区域的目的,防止局部最优的干扰使算法早熟。跳跃行为具有使人工鱼群体分散的作用,降低鱼群的内聚性,因此在应用时应注意跳跃群体的数量,以及跳跃条件的设置,避免鱼群过度分散,对全局收敛不利。人工鱼的跳跃行为主要应用于具有局部最优突出、全局最优隐蔽等特点的优化问题,而且一般不单独应用。

5.3　带有淘汰与克隆机制的分段自适应人工鱼群算法

由前面章节分析可知,人工鱼视野和步长的分段自适应函数值能随着迭代次数变化,自适应地调整人工鱼的视野和步长,提高了优化对象全局最优解的精度。人工鱼视野和步长的分段自适应改进方法本质上属于算法参数的改进,虽然改进效果较好,但没有从算法机理上实现改进突破。淘汰与克隆机制源于生物进化,是从生物仿生学的角度改进算法,完善了其仿生学基础。因此将分段自适应函数法和淘汰与克隆机制相结合,形成带有淘汰与克隆机制的分段自适应人工鱼群算法(ECMA),既从算法自身参数优化方面改进,又从人工鱼的仿生行为完善方面进行改进,从而实现算法性能的进一步提升。

5.3.1　算法原理

状态为 X_i 的人工鱼进行觅食时,首先在其视野范围内随机选择一个状态

X_j，该状态如式(5-3)所示。由式(5-3)可知，人工鱼个体能否成功觅食，觅食质量高低与视野 Visual 的值有很大关系。

$$X_j = X_i + \text{Visual} * \text{Rand}() \tag{5-3}$$

如果状态 X_j 优于状态 X_i，则人工鱼个体朝状态 X_j 方向移动一步。人工鱼在向优于当前状态位置前进过程中，步长参数 step 决定了其移动的距离，步长过小，移动速度慢，收敛速度低，甚至陷入局部最优；步长过大，不能充分接近最优解，或越过最优解邻域，造成最优解精度降低。

$$X_i^{t+1} = X_i^1 + \frac{X_t - X_i^t}{\parallel X_j - X_i^t \parallel} * \text{step} * \text{Rand}() \tag{5-4}$$

因此利用分段自适应函数系数改进人工鱼的视野和步长，在寻优过程中该系数能按设定的变化区间，根据算法不同阶段自适应地改变视野和步长的大小，扩大了人工鱼视野和步长的变化范围，提高了算法参数的鲁棒性。

如式(5-5)和式(5-6)所示，采用指数函数型分段自适应函数，其中设 $K_S = K_V, b_S = b_V$，则视野和步长的函数系数相同，其值域为 $[\text{min\_y}, \text{max\_y}]$，最大迭代次数为 max_gen。

$$f_V(\text{iter}) = K_V * b_V \wedge \text{iter} \tag{5-5}$$

$$f_S(\text{iter}) = K_S * b_S \wedge \text{iter} \tag{5-6}$$

因此，人工鱼个体的行为可定义为如式(5-7)和式(5-8)所示：

$$X_j = X_i + \text{Visual} * f_V(\text{iter}) * \text{Rand}() \tag{5-7}$$

$$X_i^{t+1} = X_i^1 + \frac{X_t - X_i^t}{\parallel X_j - X_i^t \parallel} * \text{step} * f_S(\text{iter}) * \text{Rand}() \tag{5-8}$$

其中指数函数型衰减函数为：

$$f_V(\text{iter}) = \frac{\text{max\_y}}{\frac{\text{min\_y}}{\text{max\_y}} \wedge \frac{1}{\text{max\_gen} - 1}} * (\frac{\text{min\_y}}{\text{max\_y}} \wedge \frac{1}{\text{max\_gen} - 1}) \wedge \text{iter}$$

$$\tag{5-9}$$

$$f_S(\text{iter}) = \frac{\text{max\_y}}{\frac{\text{min\_y}}{\text{max\_y}} \wedge \frac{1}{\text{max\_gen} - 1}} * (\frac{\text{min\_y}}{\text{max\_y}} \wedge \frac{1}{\text{max\_gen} - 1}) \wedge \text{iter}$$

$$\tag{5-10}$$

在人工鱼寻优过程中，每完成一次迭代后，对更新后的人工鱼个体依据其适应度函数值，对其进行排序，如式(5-11)所示。如式(5-12)所示，按照设定的比例，选择适应度最低的这一部分人工鱼个体，视为劣化个体，作为淘汰对象，j 为淘汰人工鱼个体条数。同时选择相同数量的适应度最高的这部分个体，视为精英个体，作为克隆对象。

$$f(X_1) > f(X_2) > \cdots > f(X_{N-1}) > f(X_N) \qquad (5\text{-}11)$$
$$X_{N+1-i} = X_i (i = 1, 2, \cdots, j) \qquad (5\text{-}12)$$

在淘汰与克隆机制的不断作用下,劣化个体逐步减少,精英个体逐渐增加。有效人工鱼在自适应步长和视野的作用下实现了精确搜索,最优解精度提高。在淘汰与克隆机制和分段自适应函数的共同作用下,适应度较低的劣化人工鱼个体被不断淘汰,克隆产生的同等数目的精英个体取代了淘汰对象。同时完成淘汰与克隆操作的人工鱼群体以自适应的步长向全局最优点移动,实现了人工鱼种群整体适应度的提高。有效人工鱼个体比例的增加,以及精细化最优邻域的搜索使最优解的精度以及算法收敛效率得到提高,从而使算法性能得到提升。

在带有淘汰与克隆机制的分段自适应鱼群算法中,淘汰与克隆机制负责增加有效人工鱼数量,提高全局最优邻域内人工鱼个体的密度。分段自适应函数完成人工鱼视野和步长的自适应改进,提高搜索精度,完成精细化搜索过程,提高全局最优解的精度。淘汰与克隆机制和分段自适应函数两者共同作用,分别从算法仿生学角度和算法参数改进的角度实现对算法性能的改进。

5.3.2 算法流程与步骤

如图 5-3 为带有淘汰与克隆机制的分段自适应人工鱼群算法流程图,按照此流程图算法执行步骤如下:

step 1. 初始化人工鱼群算法参数,初始化自适应函数控制参数以及淘汰与克隆机制参数。

step 2. 随机生成 N 条人工鱼,形成初始人工鱼群。

step 3. 迭代开始,在分段自适应函数的作用下,自适应地改变人工鱼的视野和步长。

step 4. 算法开始,人工鱼个体分别执行觅食、聚群和追尾行为,并选择适应度最高的人工鱼状态作为更新状态。

step 5. 对各条人工鱼个体按其适应度进行排序,按一定比例淘汰适应度低的个体,同时克隆等量的高适应度个体。

step 6. 判断是否满足公告牌更新条件,若满足则更新公告牌状态。

step 7. 判断算法是否满足终止条件,若满足输出最优解,算法结束,否则 iter＝iter＋1,转 step 3。

5.3.3 实验研究

如表 5-3 所示,选取 10 个典型测试函数,作为算法性能测试对象,采用带有淘汰与克隆机制的分段自适应鱼群算法(ECMA)对其进行寻优,仿真条件同上。

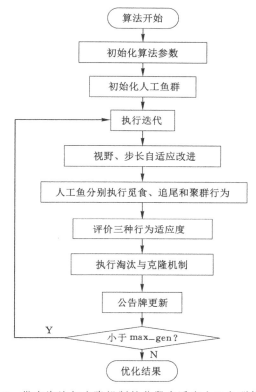

图 5-3 带有淘汰与克隆机制的分段自适应人工鱼群算法流程

表 5-3 测试函数

序号	函数	全局 最优点	理论 极值
1	$F_1(x,y) = \dfrac{\sin(x)}{x} * \dfrac{\sin(y)}{y}$, $-10 \leqslant x,y \leqslant 10$	(0,0)	1
2	$F_2(x,y) = (\dfrac{3}{0.05+(x^2+y^2)})^2 + (x^2+y^2)^2$, $-5.12 \leqslant x,y \leqslant 5.12$	(0,0)	3 600
3	$F_3(x,y) = 20 + [x^2 - 10\cos(2\pi x)] + [y^2 - 10\cos(2\pi y)]$, $-10 \leqslant x,y \leqslant 10$	(0,0)	0
4	$F_4(x,y) = \dfrac{1}{400}(x^2+y^2) - \cos x\cos\left(\dfrac{y}{\sqrt{2}}\right) + 1$, $-10 \leqslant x,y \leqslant 10$	(0,0)	0

表 5-3(续)

序号	函数	全局最优点	理论极值
5	$F_5(x) = x + 10\sin(5x) + 7\cos(4x), 0 \leqslant x \leqslant 9$	(7.857)	24.855 4
6	$F_6(x) = 10 + \dfrac{\sin(\frac{1}{x})}{(x - 0.16)^2 + 0.1}, -0.5 \leqslant x \leqslant 0.5$	(0.127 49)	19.894 9
7	$F_7(x,y) = 0.5 + \dfrac{\sin^2 \sqrt{x^2 + y^2} - 0.5}{[1 + 0.001(x^2 + y^2)]^2}, -10 \leqslant x,y \leqslant 10$	(0,0)	0
8	$F_8(x,y) = x\sin(4\pi x) - y\sin(4\pi y + \pi + 1), -1 \leqslant x,y \leqslant 2$	(1.628 9,2)	3.309 9
9	$F_9(x,y) = \cos(2\pi x)\cos(2\pi y)e^{-(x^2+y^2)/10}, -1 \leqslant x,y \leqslant 1$	(0,0)	1
10	$F_{10}(x,y) = 100 (x^2 - y)^2 + (1 - x)^2, -2.048 \leqslant x,y \leqslant 2.048$	(1,1)	0

  算法参数设置如表 5-4 所示,并将测试结果与单独采用淘汰与克隆机制以及分段自适应策略的人工鱼群算法和基本人工鱼群算法进行对比。表 5-5 所示为分别采用 ECMA、ECM、AAFSA 和 BAFSA 对表 5-3 所列测试函数分别进行10 次独立测试所得均值。

表 5-4 ECMA 参数

函数	鱼群规模	迭代次数	视野	步长	觅食尝试次数	拥挤度因子	克隆比例	执行次数	衰减函数
F_1	20	10	2	1	10	0.618	0.2	10	指数型
F_2	100	100	2	0.5	2	0.618	0.05	30	线性型
F_3	100	50	4	2	10	0.618	0.01	50	线性型
F_4	60	40	2	0.5	10	0.618	0.1	40	指数型
F_5	20	10	2	0.5	10	0.618	0.1	10	指数型
F_6	10	10	0.2	0.1	10	0.618	0.1	10	指数型
F_7	100	50	2	1	2	0.618	0.05	10	线性型
F_8	50	40	0.4	0.2	10	0.618	0.1	40	指数型
F_9	50	20	0.5	0.2	10	0.618	0.1	20	指数型
F_{10}	50	20	1.5	0.8	10	0.618	0.1	20	指数型

表 5-5　ECMA 测试结果

函数	算　　法							
	ECMA		ECM		AAFSA		BAFSA	
	函数值	时间/s	函数值	时间/s	函数值	时间/s	函数值	时间/s
F_1	1.000 0	0.105 4	0.999 8	0.109 9	0.998 5	0.091 9	0.994 2	0.095 4
F_2	$3.600\ 0\times10^3$	4.581 5	$3.598\ 3\times10^3$	4.533 3	$3.599\ 3\times10^3$	4.691 6	$3.592\ 1\times10^3$	4.693 8
F_3	$3.679\ 5\times10^{-5}$	2.796 8	0.000 8	2.819 4	$6.932\ 5\times10^{-5}$	2.575 3	0.000 2	2.488 6
F_4	$1.024\ 0\times10^{-7}$	1.018 0	0.007 3	0.961 3	$1.437\ 8\times10^{-6}$	0.963 3	$1.185\ 7\times10^{-4}$	0.986 4
F_5	24.855 4	0.116 7	24.854 9	0.106 7	24.855 4	0.097 8	24.854 0	0.105 5
F_6	19.883 6	0.063 5	19.704 8	0.061 6	19.829 8	0.061 0	19.431 1	0.060 7
F_7	$6.786\ 0\times10^{-7}$	3.044 6	0.000 9	3.310 3	$2.307\ 3\times10^{-6}$	3.134 7	0.000 9	3.026 5
F_8	3.309 9	0.785 3	3.074 1	0.801 1	3.265 3	0.746 1	3.207 6	0.796 6
F_9	1.000 0	0.379 0	0.999 8	0.378 8	0.999 9	0.389 0	0.999 3	0.350 7
F_{10}	$1.340\ 4\times10^{-12}$	0.680 6	$1.327\ 5\times10^{-5}$	0.651 1	$1.848\ 9\times10^{-11}$	0.674 4	$1.363\ 5\times10^{-5}$	0.687 7

　　由表 5-5 可知,通过对基本人工鱼群算法进行分段自适应和淘汰与克隆机制的混合改进,算法性能有了较大提升。在表 5-5 所列算法中,ECMA 性能最佳,BAFSA 由于是基本人工鱼群算法,未进行任何改进,仅用于对比实验结果,其性能位于最末。ECM 与 AAFSA 对算法性能提升的机理不同,但对局部突出不严重的问题,两者均表现出较好的改进效果。在局部最优突出时,ECM 甚至可能导致算法早熟,应用时应注意。ECM 改进出现早熟时,可将 ECM 操作设置在算法后期进行,算法前期使人工鱼个体充分寻优,当部分个体进入全局最优邻域后,再进行 ECM 操作,使精英人工鱼群数量增加。当精英人工鱼群数量达到一定比例时,再进行 ECM 操作,可有效避免早熟问题。在执行次数和克隆条数相同的前提下,算法后期进行 ECM 改进操作的效果要明显优于算法开始就执行 ECM 操作。

　　为了更形象地表示上述几种改进措施对算法性能的影响,以函数 F_1 为例,绘出不同算法结束时人工鱼个体的位置分布,如图 5-4 所示。

　　如图 5-4 所示,分段自适应函数使人工鱼个体后期的视野和移动步长逐渐减小,促使其精确向全局最优和局部最优聚拢,有精确聚集人工鱼个体的作用。在每次迭代中淘汰与克隆机制使局部最优邻域人工鱼个体逐步减少,有效人工鱼增加,最终聚集在全局最优解处。当两者共同作用时,人工鱼个体则在全局最

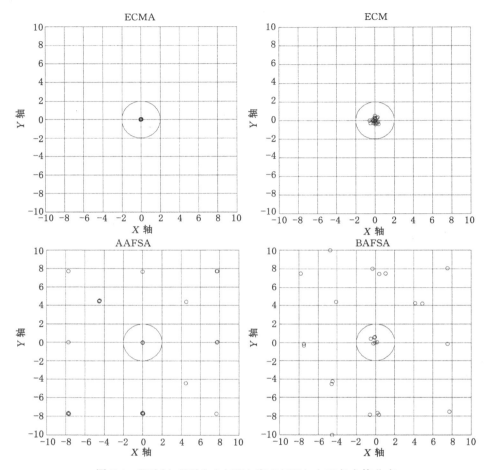

图 5-4 ECMA、ECM、AAFSA 和 BAFSA 人工鱼个体分布

优邻域极为狭小的范围内高度聚集。

5.3.4 算法分析

采用淘汰与克隆机制和分段自适应函数对人工鱼群算法进行改进后,在提高有效人工鱼个体比例的同时,促使人工鱼进行精细化搜索,提高了算法效率和最优解精度。

淘汰与克隆机制与分段自适应函数法分别单独对基本人工鱼群算法进行改进时,均没有增加基本算法的复杂度。两种改进措施共同用于算法改进,在丰富人工鱼群算法仿生学基础、提高算法性能的同时,也不会导致算法的迭代次数和种群规模发生变化。因此不会改变算法所需的存储空间,同时改进后的算法时间复杂度也不会提高,其中分段自适应函数法还有弱化时间复杂度的效果,不会造成运算成本的增加。

5.4 基于有性生殖的分段自适应人工鱼群算法

由前面章节分析可知,淘汰与克隆机制在局部极值突出的情况下的作用效果并不明显,甚至会加速算法的早熟。因此提出采用有性生殖方式克服基于无性生殖原理的淘汰与克隆机制的不足,进一步完善了人工鱼群算法的仿生学基础。因此将分段自适应函数法和人工鱼的有性生殖方式相结合,形成基于有性生殖的分段自适应人工鱼群算法(SRA),既从算法自身参数优化方面改进,又从人工鱼的仿生行为完善方面进行改进。

5.4.1 算法原理

采用类似于 $(\mu,\lambda)-ES$ 模式的进化方式,但与 $(\mu,\lambda)-ES$ 模式存在以下区别。只有部分个体作为父代个体,即从所有个体中选择适应度较高的部分个体作为父代。生成的子代个体不替代原来的父代个体,而是替代整个种群中适应度最低的这部分个体。子代鱼群的生成方式采用权值可调重组法,从而得到子代人工鱼个体对应的基因[175]。原理过程如下:

$$(X,\sigma)=[(x_1,x_2,\cdots,x_L),(\sigma_1,\sigma_2,\cdots,\sigma_L)] \qquad (5\text{-}13)$$

$$\begin{cases}(X^i,\sigma^i)=[(x_1^i,x_2^i,\cdots,x_L^i),(\sigma_1^i,\sigma_2^i,\cdots,\sigma_L^i)]\\(X^j,\sigma^j)=[(x_1^j,x_2^j,\cdots,x_L^j),(\sigma_1^j,\sigma_2^j,\cdots,\sigma_L^j)]\end{cases} \qquad (5\text{-}14)$$

$$(X,\sigma)=[(\alpha x_1^i+\beta x_1^j,\alpha x_2^i+\beta x_2^j,\cdots,\alpha x_L^i+\beta x_L^j),(\alpha\sigma_1^i+\beta\sigma_1^j,$$
$$\alpha\sigma_2^i+\beta\sigma_2^j,\cdots,\alpha\sigma_L^i+\beta\sigma_L^j)] \qquad (5\text{-}15)$$

$$\alpha+\beta=1 \qquad (5\text{-}16)$$

通过权值可调重组法产生具有两个父代个体部分基因的子代个体,使父代个体的优良基因相互进行优化组合,产生了新的个体,保持了种群的多样性。

如式(5-17)所示,在人工鱼寻优过程中,每完成一次迭代后,对更新后的人工鱼个体依据其适应度函数值,对其进行排序。在精英鱼群中,随机选择 j 条人工鱼作为一组父本 Y_i,j 为淘汰人工鱼个体条数,精英鱼群的规模可预设为 j 的 2 至 3 倍。再选择适应度最高的 j 条人工鱼个体,作为另一组父本 X_i。如式(5-18)所示,两组父本通过权值可调重组法,产生的新的一组子代鱼群为 Z_i,新产生的子代鱼群替代上一代适应度处于末端的人工鱼。如式(5-19)所示,通过权值可调重组法产生了 j 条新的人工鱼,同时适应度处于种群最末端的 j 条人工鱼被替代,人工鱼种群规模保持不变。

$$f(X_1) > f(X_2) > \cdots > f(X_{N-1}) > f(X_N) \tag{5-17}$$

$$X_i \otimes Y_i \to Z_i \tag{5-18}$$

$$X_{N+1-i} = Z_i (i = 1, 2, \cdots, j) \tag{5-19}$$

借助于有性生殖的思想和优点,对人工鱼群体进行更新能防止人工鱼种群趋于同质化,避免种群多样性水平的降低,提高人工鱼群体对搜索空间的寻优能力。人工鱼群体通过模拟有性生殖,每执行一次鱼群更新,部分适应度较低的个体就被适应度高的子代个体所取代,加速了人工鱼种群整体适应度的提高。精英人工鱼群总量增加,使有效人工鱼的比例逐步增加,促使人工鱼群体向全局最优移动,从而使算法性能得到提升。

同时,在算法执行过程中对人工鱼的视野和步长采用分段自适应函数法进行改进。如式(5-20)和式(5-21)所示,采用指数函数型分段自适应函数,其中设 $K_S = K_V, b_S = b_V$,则视野和步长的函数系数相同,其值域为 $[\text{min\_y}, \text{max\_y}]$,最大迭代次数为 max_gen。

$$f_V(\text{iter}) = K_V * b_V \wedge \text{iter} \tag{5-20}$$

$$f_S(\text{iter}) = K_S * b_S \wedge \text{iter} \tag{5-21}$$

因此,人工鱼个体的行为可定义为如式(5-22)和式(5-23)所示。

$$X_j = X_i + \text{Visual} * f_V(\text{iter}) * \text{Rand}() \tag{5-22}$$

$$X_i^{t+1} = X_i^1 + \frac{X_t - X_i^t}{\| X_j - X_i^t \|} * \text{step} * f_S(\text{iter}) * \text{Rand}() \tag{5-23}$$

其中指数函数型衰减函数为:

$$f_V(\text{iter}) = \frac{\text{max\_y}}{\frac{\text{min\_y}}{\text{max\_y}} \wedge \frac{1}{\text{max\_gen} - 1}} * (\frac{\text{min\_y}}{\text{max\_y}} \wedge \frac{1}{\text{max\_gen} - 1}) \wedge \text{iter}$$

$$\tag{5-24}$$

$$f_S(\text{iter}) = \frac{\text{max\_y}}{\frac{\text{min\_y}}{\text{max\_y}} \wedge \frac{1}{\text{max\_gen} - 1}} * (\frac{\text{min\_y}}{\text{max\_y}} \wedge \frac{1}{\text{max\_gen} - 1}) \wedge \text{iter}$$

$$\tag{5-25}$$

通过对人工鱼进行逐代的更新,人工鱼群体中的劣化个体逐步被淘汰,精英个体逐步增加。通过有性生殖作用,提高了人工鱼群体的适应度。人工鱼在自适应步长和视野的作用下实现了精确搜索,最优解精度提高,实现了人工鱼种群整体适应度的提高。有效人工鱼个体比例的增加,以及精细化最优邻域的搜索使最优解的精度以及算法收敛效率得到提高,从而使算法性能得到提升。

5.4.2 算法流程与步骤

如图 5-5 为基于有性生殖的分段自适应鱼群算法流程图,按照此流程图算法执行步骤如下:

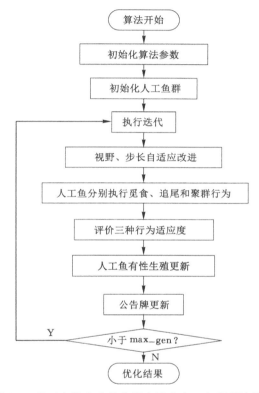

图 5-5 基于有性生殖的分段自适应人工鱼群算法流程图

step 1. 初始化人工鱼群算法参数,随机生成 N 条人工鱼,形成初始人工鱼群,初始化自适应函数控制参数以及人工鱼有性生殖参数。

step 2. 迭代开始,在分段自适应函数的作用下,自适应地改变人工鱼的视野和步长的范围。

step 3. 人工鱼个体分别执行觅食、聚群和追尾行为,并选择适应度最高的人工鱼状态作为更新状态。

step 4. 对各条人工鱼个体按其适应度进行排序,淘汰适应度低的人工鱼个体,同时对精英鱼群进行有性生殖,生成等量子代人工鱼个体。

step 5. 判断是否满足公告牌更新条件,若满足则更新公告牌状态。

step 6. 判断算法是否满足终止条件,若满足,输出最优解,算法结束,否则 iter＝iter＋1,转 step 2。

5.4.3　实验研究

采用表 5-3 的测试函数分别测试基于有性生殖的分段自适应人工鱼群算法 (SRA),并将测试结果与单独采用有性生殖改进的人工鱼群算法(SR)进行对比。仿真条件同上,表 5-6 为 SRA 实验参数。

表 5-6　SRA 参数

函数	鱼群规模	迭代次数	视野	步长	觅食尝试次数	拥挤度因子	淘汰条数	执行次数
F_1	20	10	2	1	10	0.618	5	10
F_2	100	100	2	0.5	2	0.618	2	30
F_3	100	50	4	2	10	0.618	2	50
F_4	60	40	2	0.5	10	0.618	6	40
F_5	20	10	2	0.5	10	0.618	3	10
F_6	10	10	0.2	0.1	10	0.618	2	10
F_7	100	50	2	1	2	0.618	6	10
F_8	50	40	0.4	0.2	10	0.618	5	40
F_9	50	20	0.5	0.2	10	0.618	6	20
F_{10}	50	20	1.5	0.8	10	0.618	5	20

表 5-7 所示为分别采用 SRA、SR 对表 5-3 所列测试函数分别进行 10 次独立测试所得均值。

表 5-7　SRA 和 SR 测试结果

函数	算　法			
	SRA		SR	
	函数值	时间/s	函数值	时间/s
F_1	1.000 0	0.116 2	0.999 8	0.118 7
F_2	$3.600\ 0 \times 10^3$	4.706 3	$3.597\ 9 \times 10^3$	4.712 4
F_3	$3.679\ 5 \times 10^{-6}$	2.848 1	0.000 8	2.944 2
F_4	$1.024\ 0 \times 10^{-8}$	1.107 3	$4.013\ 6 \times 10^{-4}$	0.980 7
F_5	24.855 4	0.120 8	24.854 7	0.112 5
F_6	19.884 6	0.071 2	19.751 8	0.073 8
F_7	$6.786\ 0 \times 10^{-7}$	3.244 6	0.000 9	3.426 8
F_8	3.309 9	0.796 6	3.074 1	0.812 9
F_9	1.000 0	0.392 6	0.999 8	0.398 7
F_{10}	$2.300\ 4 \times 10^{-13}$	0.700 2	$1.327\ 5 \times 10^{-5}$	0.688 2

由表 5-7 可知,在局部最优显著、全局最优隐蔽时,SRA 的作用效果要优于 ECMA,但其消耗的系统资源也稍有增加,在参数相似的情况下算法执行时间略有增加。总体上看,考虑算法稳定,采用 SRA 改进方式对算法性能的改善效果比 ECMA 改进方式更好。同时将表 5-7 所得测试结果与表 5-5 中基本人工鱼群算法和单独采用淘汰与克隆机制的人工鱼群算法所得测试结果进行比较,可得以下结论:与基本人工鱼群算法相比较,SR 具有显著的改进效果;SR 改进措施能够避免 ECM 改进方式的不足。

5.4.4　算法分析

采用有性生殖方式能确保人工鱼种群的多样性,人工鱼能对寻优空间有更多的了解,防止算法早熟。通过权值可调重组法进行人工鱼个体的有性生殖,避免了淘汰与克隆机制的弊端,具有更大的优势。分段自适应函数法与其共同作用时,既改进了人工鱼个体的进化方式,同时又能实现精确化搜索,提高了算法效率和最优解精度。

分别单独采用有性生殖方式和分段自适应函数法对基本人工鱼群算法进行改进时,均没有增加基本算法的复杂度。两种改进措施共同用于算法改进,在完善人工鱼个体更新方式和算法仿生学基础、提高算法性能的同时,也不会导致算法迭代次数和种群规模的变化。因此不会改变算法所需的存储空间,同时改进后的算法时间复杂度也不会发生变化,其中分段自适应函数法还有弱化时间复杂度的效果,不会造成运算成本的增加。

5.5　基于基本粒子群算法的混合人工鱼群算法

由第三章对基本粒子群算法的实验分析可知,在算法迭代次数和种群规模相同的前提下,基本粒子群算法与人工鱼群算法相比,具有收敛速度快的优势。根据基本粒子群算法的这一优点,研究基于基本粒子群算法的混合人工鱼群算法,为新的混合人工鱼群算法研究提供借鉴[170-171,176]。

5.5.1　算法原理

对于每个独立的智能算法而言,混合算法的研究是相对的。将基本粒子群与人工鱼群算法进行融合,既是对基本人工鱼群算法的改进,也可看作是对基本粒子群算法的改进。混合基本粒子群算法的人工鱼群算法,既是基于基本粒子群的混合人工鱼群算法,也是基于人工鱼群算法的混合基本粒子群算法。

在基本粒子群优化算法中,粒子的行为是一种共生合作行为,每个粒子都会影响群体中其他个体的运动方式。并且,历史最好位置能被每个粒子记录,具备对以往经验的简单学习能力。每个粒子在寻优空间中运动,同时受到最大速度的制约,粒子下一时刻的飞行距离和飞行方向由其速度决定,粒子具有跟踪群体中具有最优位置个体的能力。每次运动过程中,粒子会尾随两个最优状态并向其靠拢,一个是粒子自身曾经所到达的最优位置 p_{id} ,另一个为种群中所有粒子的历史最优位置 p_{gd} 。对于第 i 个粒子,其位置表示为: $X_i=(x_{i1},x_{i2},\cdots,x_{iD})$, $i=1,2,\cdots,N$,其中 N 是粒子数目, D 是粒子维数。每个粒子根据自身的历史经验 p_{id} 和群体历史经验 p_{gd} 来确定自身的移动速度,调整自身的移动轨迹,向全局最优聚拢。每个粒子根据式(5-26)、式(5-27)更新自身的速度和位置。

$$v_{id}(t+1)=\omega v_{id}(t)+c_1r_1[p_{id}-x_{id}(t)]+c_2r_2[p_{gd}-x_{id}(t)] \quad (5-26)$$

$$x_{id}(t+1)=x_{id}(t)+v_{id}(t+1) \quad (5-27)$$

同样在此 D 维搜索空间中有 N 条人工鱼,人工鱼个体的状态位置用向量 $\boldsymbol{X}=(x_1,x_2,\cdots,x_D)$ 表示,人工鱼个体所在位置食物浓度为 $Y=f(X)$,其中人工鱼状态 X 为寻优变量, Y 为适应度函数值。两条人工鱼个体之间的距离表示为 $\|X_i-X_j\|$ 。将经粒子群优化寻优后的粒子当前状态赋给人工鱼,即:

$$X=(x_1,x_2,\cdots,x_D)=X_i=(x_{i1},x_{i2},\cdots,x_{iD}) \quad (5-28)$$

人工鱼个体当前状态为 X_i ,在其视野范围内随机选择一个状态 X_j ,该状态表示为:

$$X_j=X_i+\text{Visual}*\text{Rand}() \quad (5-29)$$

如果状态 X_j 优于状态 X_i ,则向状态 X_j 移动一步:

$$X_i^{t+1}=X_i^1+\frac{X_t-X_i^t}{\|X_j-X_i^t\|}*\text{step}*\text{Rand}() \quad (5-30)$$

如果状态 X_j 不优于状态 X_i ,则继续尝试选择新的状态 X_j ,直到达到随机行为执行的条件,即觅食次数到达最大值。

$$X_i^{t+1}=X_i^t+\text{Visual}*\text{Rand}() \quad (5-31)$$

人工鱼个体当前状态为 X_i ,并统计 $d_{i,j}<\text{Visual}$ 范围内其他人工鱼数量 n_f ,并找出中心位置 $X_C=\dfrac{\sum\limits_{i=1}^{n_f}X_i}{n_f}$,若 $Y_C/n_f>\delta*Y_i$,则说明此位置人工鱼个体分布密度较低,且食物丰富,则可向状态 X_C 前进一步,如式(5-32)所示,否则继续觅食。

$$X_i^{t+1}=X_i^1+\frac{X_C-X_i^t}{\|X_C-X_i^t\|}*\text{step}*\text{Rand}() \quad (5-32)$$

人工鱼个体当前状态为 X_i ,搜索当前邻域内($d_{i,j}<\text{Visual}$)的伙伴数目

n_f ,并求得其中 X_j 状态个体的最大适应度 Y_j 。若 $Y_j/n_f > \delta * Y_j$,表明状态 X_j 的个体适应度较高且周围人工鱼密度较低,状态 X_i 可向状态 X_j 移动,否则继续觅食。

$$X_i^{t+1} = X_i^t + \frac{X_j - X_i^t}{\| X_j - X_i^t \|} * step * \text{Rand}() \qquad (5\text{-}33)$$

通过粒子群算法的快速寻优,大致找出全局最优邻域,然后利用鱼群算法进行精确搜索,找到精度较高的全局最优解。当局部最优突出时,可利用鱼群算法全局收敛能力强的优势,先采用鱼群算法初步找出最优解,避免局部最优的干扰,再利用粒子群算法进行快速精确搜索,最后比较两个最优解,选择最优输出。在混合鱼群算法中,可针对不同优化对象,融合其他变种人工鱼群算法,进一步提升算法性能,实现较好的寻优效果。

5.5.2　算法流程与步骤

按照如图 5-6 基于基本粒子群算法的混合人工鱼群算法流程,算法执行步骤如下:

step 1. 初始化算法参数(包括粒子群算法参数:c_1、c_2、ω、最大速度以及种群规模等,鱼群算法参数),初始化种群。

step 2. 算法开始,执行鱼群算法,人工鱼群体分别执行觅食、聚群和追尾行为,并选择适应度最高的人工鱼个体状态作为更新状态。

step 3. 对照最优人工鱼个体适应度,判断是否满足更新公告牌的条件,若满足则对其进行更新。

step 4. 判断是否已达最大迭代次数,若达到,输出人工鱼个体状态给粒子群中的粒子作为粒子初始状态,即初步解。

step 5. 开始执行基本粒子群算法,利用基本粒子群算法快速寻优的优势进行进一步精细化搜索。

step 6. 比较初始解和粒子群优化后的最优解,输出最优值。

5.5.3　实验研究

表 5-8 为 PSOA 实验参数,为了使实验结果的比较具有一定可类比性,其中人工鱼群算法的拥挤度因子,基本粒子群算法的学习因子和惯性权重均采用典型值,仿真条件同上。其中混合算法采用人工鱼群算法进行先期搜索,再利用基本粒子群算法进行快速精确搜索,其流程图如图 5-6 所示。

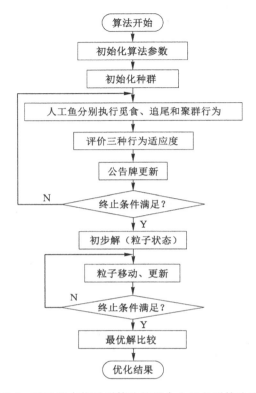

图 5-6　基于基本粒子群算法的混合人工鱼群算法流程

表 5-8　PSOA 参数

函数	总群规模	迭代次数	视野	步长	觅食尝试次数	拥挤度因子	学习因子 c_1	学习因子 c_2	最大速度	惯性权重
F_1	20	10	2	1	10	0.618	2	2	1	1
F_2	100	100	2	0.5	2	0.618	2	2	0.5	1
F_3	100	50	4	2	5	0.618	2	2	2	1
F_4	60	40	2	0.5	2	0.618	2	2	0.5	1
F_5	20	10	2	0.5	10	0.618	2	2	0.5	1
F_6	10	10	0.2	0.1	10	0.618	2	2	0.1	1
F_7	100	80	8	4	2	0.618	2	2	4	1
F_8	50	40	0.4	0.25	5	0.618	2	2	0.25	1
F_9	50	20	0.5	0.2	10	0.618	2	2	0.2	1
F_{10}	50	20	1.5	0.4	10	0.618	2	2	0.4	1

表 5-9 和表 5-10 所示分别为采用 PSOA、PSO、和 BAFSA 对表 5-3 所列测试函数分别进行 10 次独立测试所得最优值、最差值及其对应耗时。由表 5-9 和表 5-10 所得实验数据可知,虽然基本粒子群算法耗时较少,但更易陷入局部最优。人工鱼群算法虽然耗时较长,但克服局部干扰的能力较强。将人工鱼群算法和基本粒子群算法融合后,基本粒子群算法可在人工鱼群算法所得初步解的基础上进一步进行寻优,且由于基本粒子群算法耗时较短,对混合算法总的耗时影响并不明显。单独采用基本粒子群和人工鱼群算法的融合,在解的精度上有所改善,但不显著,混合算法能避免单一算法的先天不足。

表 5-9　PSOA 最优测试结果

函数	算法					
	PSOA		PSO		BAFSA	
	最优值	时间/s	最优值	时间/s	最优值	时间/s
F_1	0.999 9	0.090 8	0.999 8	0.005 7	0.999 8	0.091 5
F_2	$3.599\ 8\times10^3$	4.613 4	$3.599\ 5\times10^3$	0.059 7	$3.599\ 6\times10^3$	4.599 8
F_3	$7.085\ 9\times10^{-5}$	2.316 7	$2.994\ 7\times10^{-4}$	0.035 3	$1.365\ 8\times10^{-4}$	2.306 2
F_1	$1.192\ 4\times10^{-6}$	0.998 1	$3.166\ 2\times10^{-6}$	0.019 1	$6.166\ 2\times10^{-6}$	0.855 8
F_5	24.855 4	0.098 5	24.855 4	0.008 5	24.855 2	0.093 1
F_6	19.894 9	0.060 3	19.894 9	0.006 0	19.894 8	0.056 0
F_7	$8.913\ 5\times10^{-6}$	2.358 1	$2.891\ 1\times10^{-5}$	0.055 0	$5.685\ 4\times10^{-5}$	2.298 6
F_8	3.309 9	0.714 6	3.309 9	0.017 7	3.309 9	0.705 7
F_9	1.000 0	0.452 5	1.000 0	0.011 8	1.000 0	0.443 3
F_{10}	$4.062\ 4\times10^{-7}$	0.697 1	$1.959\ 9\times10^{-5}$	0.013 1	$3.649\ 8\times10^{-7}$	0.681 6

　　智能计算方法种类多样,改进思想各异,进行不同组合,就会形成各种混合人工鱼群算法。目前混合人工鱼群算法的研究仍然是人工鱼群算法改进研究的热点之一,也是今后研究的一个重要方向。采用基本粒子群算法与人工鱼群算法的混合算法其意义在于提供了一种基本人工鱼群算法与其他智能算法相互融合的途径。在此基础上再分别采用与基本粒子群算法和人工鱼群算法相适应的改进措施,改进其中之一,或分别对这两种算法进行改进,将改进后的两种智能优化算法进行融合,可实现改善算法性能的多种改进方案。

表 5-10　PSOA 最差测试结果

函数	算法					
	PSOA		PSO		BAFSA	
	最优值	时间/s	最优值	时间/s	最优值	时间/s
F_1	0.996 9	0.100 8	0.991 6	0.005 6	0.996 6	0.103 4
F_2	$3.589\ 1\times10^3$	4.630 4	$2.748\ 8\times10^3$	0.059 1	$3.586\ 6\times10^3$	4.568 2
F_3	$9.092\ 7\times10^{-4}$	2.475 0	$5.450\ 0\times10^{-2}$	0.034 9	$1.800\ 0\times10^{-3}$	2.346 5
F_4	$4.108\ 7\times10^{-5}$	0.975 4	$3.140\ 5\times10^{-4}$	0.019 4	$4.339\ 4\times10^{-5}$	0.887 7
F_5	24.842 8	0.097 9	19.882 4	0.007 0	24.841 7	0.082 9
F_6	19.869 0	0.059 2	19.020 4	0.006 0	19.868 8	0.051 1
F_7	$2.395\ 2\times10^{-4}$	2.298 6	$9.700\ 0\times10^{-3}$	0.057 0	$1.942\ 1\times10^{-4}$	2.198 3
F_8	3.180 4	0.793 6	2.673 5	0.017 2	3. 159 4	0.773 6
F_9	0.998 5	0.410 3	0.951 3	0.011 4	0.998 4	0.406 2
F_{10}	$2.012\ 5\times10^{-4}$	0.694 2	$1.200\ 0\times10^{-3}$	0.013 3	$1.464\ 4\times10^{-4}$	0. 678 9

5.5.4　算法分析

　　不同的混合策略，会对算法的复杂度造成不同的影响。依据图 5-6 的流程，混合算法是两种独立算法的直接串联形成的混合算法，其时间复杂度是两个独立算法各自复杂度之和。本章所采用的是两种算法的串联的混合策略，其时间复杂度为两种之和。混合算法还可以采用并行形式，在每次迭代过程中粒子群和鱼群分别独立进行寻优，最终选择较优个体。当迭代次数和种群规模相同时，基本粒子群算法和人工鱼群算法各自独立运行时间相差较大，这与两种算法的机理不同有关。

　　在基本粒子群算法中，粒子更新策略是在每一次迭代中依据全局最优和历史最优进行速度和位置更新，需要执行的语句较少。人工鱼群算法的执行过程是，在每次迭代更新过程中，人工鱼需分别执行三种基本行为，其中在觅食行为中又嵌套了多次觅食尝试，在完成觅食尝试失败后还有随机行为。因此人工鱼的更新方式有三种，随机行为可看作一种特殊的觅食行为，在每次更新过程中需要比较三种更新方式产生的新个体的适应度，选择最高的作为最终更新个体。人工鱼群算法的机理决定了其在每一次个体更新过程中需要执行较多的语句，同时其中还有嵌套循环语句，造成其复杂度的增加。通过分别对基本粒子群算法和人工鱼群算法机理及其种群更新方式的分析，在迭代次数和种群规模相同的前提了，人工鱼群算法的复杂度要高于基本粒子群算法。

　　算法复杂度是算法性能的重要指标，在参数近似相同的前提下，虽然人工鱼群算法的复杂度要高于基本粒子群算法，但人工鱼群算法复杂度高是由于算法机理和种群更新策略不同造成的。人工鱼群算法的机理和种群更新方式所得到的个体，是在不同行为策略下得到的更新个体中再次选优，得到的较优个体。这种方式决定了人工鱼群算法的个体适应度高于基本粒子群算法的概率会增加，这一点从实验仿真结果也可看出。人工鱼三种基本行为的更新方式同时进行，并从其中选择最优结果，这种更新方式降低了人工鱼个体陷入局部最优的概率，避免单一更新方式的局限性。因此，人工鱼群算法通过复杂度的牺牲，提高了全局收敛能力，避免了局部最优的干扰，提高了最优解的精确度和算法稳定性。

　　根据人工鱼群算法的不同改进思想，取长补短，将多种改进方法进行融合，形成性能更为优良的混合人工鱼群算法。混合算法的改进思路避免了单一改进策略的不足，具有较强的算法适应性。

6　人工鱼群算法的应用研究

6.1　基于人工鱼群算法的路径规划

在某一指定平面或空间内，从指定位置开始到确定的点结束，选择一条符合要求，并且评价指标最优的路径即为路径规划。该路径的评价结果，与最终任务完成的质量有紧密联系。因此，对于不同环境下路径规划研究也成为相关领域研究的重要内容。目前，已有的研究成果说明人工鱼群算法具备群集智能优化算法的一般特征，能用于解决复杂模型的优化求解。路径规划是群集智能优化算法的一个重要应用领域。

6.1.1　研究背景

机器人路径规划问题是近年来国内外研究人员关注的研究热点之一。依据路径规划环境的不同特征，目前现有的路径规划方法可分为基于环境模型的全局路径规划方法和基于环境局部特征提取的局部路径规划。全局路径规划对环境信息的要求较全面，模型较为精确，能依据可靠的模型规划出较优路径。局部路径规划方法对环境信息的局部动态变化有较好的适应能力，但不能保证机器人一定到达目标位置。全局路径规划方法，有可视图法、拓扑法、栅格法等传统方法，也包括进化计算、群集智能等方法。

群集智能优化算法由于思想简单、易于操作等优点，在路径规划研究中受到研究者的广泛关注[1,152-154]，采用了一种参考点坐标降维的方式对人工鱼进行编码，降低了算法运行过程中对存储空间的要求和算法复杂度。在二维平面内，对各段路径进行威胁检测，当各段路径与危险区域无重合时，满足规划约束条件，规划路径有效。人工鱼群算法目前已经应用到机器人路径规划、无人机航路规划、飞机航线规划等路径优化范畴内。人工鱼群算法可应用于煤矿救援机器人路径规划，拓展了人工鱼群算法的应用领域[152,154]。将改进后的人工鱼群算法应用于机器人路径规划，为路径规划问题提供了一种解决方案。

6.1.2　环境建模

　　首先确定执行任务的区域范围,并由环境信息构建模型,才能对机器人行走路径进行有效规划。由环境信息构建地图模型,这是一个二维平面运动模型,只需考虑二维平面的相关信息。路径起点为机器人开始进入工作区域的起始点,终点为机器人通过障碍区域开始进行作业的位置。显然,规划区域是一个二维平面运动模型,可用二维坐标方式表示机器人的运动环境。根据起点和终点位置,建立二维坐标系统,设为机器人的整个路径规划区域。机器人在二维有限空间运动,在此范围内分布着一定数量的不可通过区域,如障碍物、威胁点等必须绕行的区域。在规划区域内,不可通过区域用凸多边形和圆形表示[1]。

　　起点为机器人出发开始任务的起始点,终点为机器人绕过障碍区域后,开始进行任务作业的目标位置。在机器人所在的运动环境模型坐标系中,点 $S(x_S, y_S)$ 为起点,点 $T(x_T, y_T)$ 为目标终点,根据起点和终点位置,建立二维坐标系统。如图 6-1 所示,该坐标系即为救援机器人的整个路径规划区域,威胁区域个数为 k,第 i 个威胁区域表示为 D_i,整个威胁区域表示为:

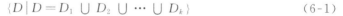

$$\{D \mid D = D_1 \bigcup D_2 \bigcup \cdots \bigcup D_k\} \tag{6-1}$$

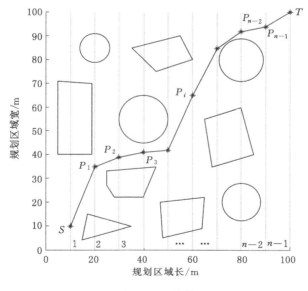

图 6-1　环境模型

6.1.3 路径表示

规划区域是一个二维平面,在起点和终点之间找到一条距离最短且不能碰到任何障碍的路径,因此必须在此区域内寻找一系列参考点,机器人沿着参考点运动直到终点。如图 6-1 所示,设起点为 S,终点为 T,平行于 Y 轴作 $n-1$ 条平行直线,将 ST 之间的 X 轴平分成 n 段,在每条平行线上取一个点作为路径参考点,连接起点 S、参考点和终点 T,就得到一条路径,即:

$$P = \langle S, (x_1, y_1), (x_2, y_2), \cdots, (x_i, y_i), \cdots, (x_{n-1}, y_{n-1}), T \rangle \quad (6\text{-}2)$$

且 $P \bigcap D = \varnothing$,其中点 (x_i, y_i) 表示第 i 条平行线上的参考点坐标。

每个参考点位于平行于 Y 轴的 $n-1$ 条平行线上,在算法执行过程中,只改变各个参考点的纵坐标,横坐标不变,因此路径可仅用各个参考点的纵坐标来表示。每条人工鱼的状态:

$$X_i = \langle x_1, x_2, \cdots, x_{n-1} \rangle \quad (6\text{-}3)$$

表示一条路径,x_i 为第 i 个参考点纵坐标 y_i 的值,$i = 1, 2, \cdots, n-1$。人工鱼随机行动一次,自身状态改变一次,即产生一条新路径,若新路径的适应值高于原路径,则更新该条人工鱼状态。

机器人开始作业时,要快速到达指定位置,因此以路径长度为主要评判依据。总路径距离可表示为从起点开始,经过每个参考点到终点各段路径距离之和,即:

$$Y = \sqrt{(x_1 - x_S)^2 + (y_1 - y_S)^2} + \sum_{i=1}^{n-2} \sqrt{(x_{i+1} - x_i)^2 + (y_{i+1} - y_i)^2}$$

$$+ \sqrt{(x_T - x_{n-1})^2 + (y_T - y_{n-1})^2} \quad (6\text{-}4)$$

$$x_i = x_S + i(x_T - x_S)/n \quad (6\text{-}5)$$

其中 (x_S, y_S) 为路径起点坐标,(x_T, y_T) 为终点坐标,y_i 为人工鱼个体第 i 维状态值,(x_i, y_i) 为第 i 个参考点坐标,$i = 1, 2, \cdots, n-1$。

6.1.4 约束处理与碰撞检测

由于机器人路径是由路径段组成,检测路径是否与障碍物发生碰撞,就需分段进行。由环境模型可知,路径约束条件为:

$$\langle D \mid D = D_1 \bigcup D_2 \bigcup \cdots \bigcup D_k \rangle \quad (6\text{-}6)$$

即路径不能与障碍区域有任何交集。由路径表示可知,各参考点之间的连线、起点与参考点的连线以及参考点与终点的连线不经过障碍区域,即满足了约束条件。

（1）约束处理

路径规划中考虑两个方面的约束问题，一是对状态变量边界的约束，另一方面是对机器人避障的处理。算法执行过程中人工鱼游走，可能会发生人工鱼状态变量越界的情况。行动完一次，对人工鱼每一维状态变量进行检测，若超出边界，则令该变量值为边界值。这样保证了人工鱼在给定的范围内寻优，同时新的位置也有利于人工鱼发现新的较优解。

$$x_i = \begin{cases} x_{\max}, x_i > x_{\max} \\ x_{\min}, x_i < x_{\min} \end{cases} \tag{6-7}$$

在保证人工鱼状态值不越界的情况下，还要考虑路径是否与障碍区域重合。在算法执行过程中，人工鱼行动完一次，可能将可行路径变为不可行路径。对任意一条人工鱼 $X = (x_1, x_2, \cdots, x_{n-1}, x_n)$，若任意相邻两点的连线路径与障碍区域重合，则必须重新更新人工鱼状态，直到满足条件。

（2）多边形障碍检测

对于多边形障碍而言，首先判断多边形各个顶点与该段路径两个端点的横坐标之间的关系。处于路径端点横坐标之外的多边形顶点，则对路径无影响。在路径端点横坐标之间的多边形顶点，若是分布在该段路径的同侧，则对路径也无影响。当多边形顶点分布在路径两侧时，说明该段路径与不可通行区域有重合，该路径不可行，须调整参考点位置。

（3）圆形障碍检测

设第 i 个中心为 (x_{Ri}, y_{Ri}) 的障碍区域 $\{D_i | D_i = \pi R_i^2\}$ 与第 j 个参考点 (x_j, y_j) 满足：

$$\sqrt{(x_j - x_{Ri})^2 + (y_j - y_{Ri})^2} \geqslant R_i + \Delta \tag{6-8}$$

则可满足参考点在障碍区域外。其中 Δ 为可设定安全距离裕量，机器人被抽象成移动质点，设定一定的裕量保证机器人行走路径与威胁区域有一定的安全距离。

当参考点均处于威胁区域外时，路径连线仍可能有部分处于威胁区域内。当参考点均在安全区域内时，对起点、参考点和终点两个相邻点之间的路径连线，若任意威胁点中心到该连线的垂足不在该连线上，则该段路径必不经过该威胁区域。若垂足处于该段路径内，对第 j 段路径上的垂足 (x_{dj}, y_{dj}) 满足：

$$\sqrt{(x_{dj} - x_{Ri})^2 + (y_{dj} - y_{Ri})^2} \geqslant R_i + \Delta \tag{6-9}$$

即可满足该段路径在威胁区域外。

6.1.5 算法步骤

step 1. 导入规划区域环境数据，生成规划区域模型。

step 2. 初始化人工鱼群算法参数,随机生成 N 条人工鱼,形成初始人工鱼群。

step 3. 当前迭代次数 ITimes＝0,初始化自适应参数。

step 4. 算法开始,在分段自适应函数的作用下,自适应地修改人工鱼的视野和步长。

step 5. 各条人工鱼分别执行觅食、追尾、聚群和随机行为,比较各种行为执行后适应度函数值,选择适应度最高的行为执行。

step 6. 对照最优人工鱼个体适应度,判断是否满足公告牌更新条件,若满足,则对其进行更新操作。

step 7. 判断算法是否满足终止条件,若满足输出最优路径,算法结束,否则 ITimes＝ITimes＋1,转 step 4。

6.1.6 实验研究

设置机器人路径优化区域为 100×100,起点 $S(10,10)$,终点 $T(100,100)$,鱼群规模 $N=20$,最大迭代次数 $IT=250$,人工鱼个体视野 Visual＝20,移动步长 step＝5,觅食尝试次数 try_num＝100,拥挤度因子 $\delta=0.618$。分别采用基本粒子群算法、基本人工鱼群算法和分段自适应人工鱼群算法对路径模型进行规划研究,基本粒子群算法参数取典型值,最大速度为5,仿真条件同上。

基本粒子群算法、人工鱼群算法和采用分段自适应函数改进法改进后的人工鱼群算法分别单独执行 25 次,所得结果如表 6-1 所示。由图 6-2 和图 6-3 可知,经过算法初期快速搜索,算法后期在粗糙解的基础上进行了精细化搜索,得到了更为平滑的路径。经分段自适应改进的人工鱼群算法强化了局部细致搜索,得到的路径距离更短,人工鱼进行的有效觅食概率更高,提高了觅食效率,减小了算法的实际复杂度。根据表 6-1 所示,经分段自适应函数改进的人工鱼群算法性能明显优于基本人工鱼群算法和基本粒子群算法。

表 6-1　路径规划结果比较

算法	最小值	最大值	平均值	最优时间/s
PSO	134.853 7	144.079 6	141.102 8	2.04
BAFSA	134.134 2	144.517 6	140.392 6	23.93
AAFSA	130.764 8	141.108 2	135.842 7	20.27

避免路径陷入威胁区域,是路径规划成功的关键,在路径规划过程中参考点越多,路径避免威胁的可能性就越大。但在人工鱼群算法执行过程中依靠增加

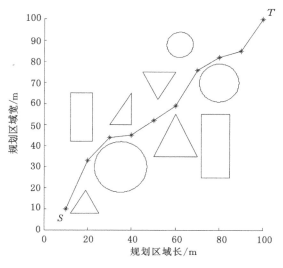

图 6-2　基本人工鱼群算法最优路径图

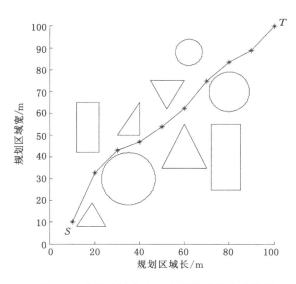

图 6-3　分段自适应人工鱼群算法最优路径图

参考点来避免威胁,人工鱼状态维数将增大,鱼群个体编码长度增加,算法计算复杂度提高,反而会降低搜索效果。图 6-4 为参考点个数分别为 7 个和 14 个时,规划的最优路径对比。算法参数:鱼群规模 $N=5$,最大迭代次数 ITimes=

200,人工鱼个体视野 Visual＝20,移动步长 step＝2,觅食尝试次数 try_num＝100,拥挤度因子 δ ＝0.618,仿真条件同上。

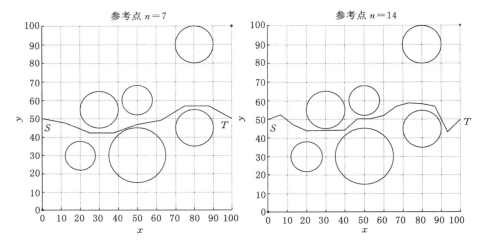

图 6-4　参考点不等时最优路径对比

　　表 6-2 为不同参考点个数分别执行 20 次仿真时的结果对比。由表 6-2 可知,参考点过少,路径距离较短,但规划成功率过低,人工鱼要进行多次尝试觅食,算法需要较长的时间才可能规划出可行路径,因此迭代时间较长,成功率较低。参考点数过多,路径距离增加,人工鱼编码变长,算法复杂度提高,算法迭代时间自然也增加,算法性能明显降低。

表 6-2　参考点数量不同仿真对比

参考点数	最优值	时间/s	最差值	时间/s	成功率/%
$n＝5$	103.512 1	3.630 6	113.809 3	3.861 9	35
$n＝7$	104.553 4	1.719 9 7	116.206 2	3.342 0	100
$n＝14$	117.546 9	6.887 0	158.978 8	12.004 2	100

6.1.7　算法分析

　　在路径规划区域范围内只存在固定障碍时,规划的模型较为简单,只要给人工鱼群体设置合理的参考点,总能规划出一条安全路径。考虑到路径的长度和规划时间,参考点总量可适当降低,减小算法的复杂度。

分别采用基本人工鱼群算法和基本粒子群算法对障碍固定模型进行路径规划时,两者的规划效果差异不明显,人工鱼群算法规划的路径长度优势不显著,但基本粒子群算法用时较少。上文已经分析了在近似相同的条件下,基本粒子群算法相比人工鱼群算法用时短的原因。采用分段自适应人工鱼群算法后,规划的路径长度显著降低,与基本人工鱼群算法相比较显著改善。采用分段自适应函数后,在初期规划的初步路径基础上,人工鱼以较小的视野和步长进行搜索,对路径进行细化调整,提高其平滑度,有助于减小路径长度。

6.2　基于人工鱼群算法的 LCL 滤波器参数优化

　　煤矿生产过程中广泛应用到提升机、通风机、带式输送机等大量感性负载,同时伴有大量的非线性电力电子设备的应用。这些设备功率因数不高,大量应用又造成电网谐波超标,对电网造成严重污染。

　　STATCOM 是一种新型的静止无功补偿装置,具有快速响应、占地体积小、控制灵活等优点,因而受到了广泛关注[177]。目前投入工程应用的链式 STATCOM 多采用 L 滤波器连接电网,相对于 L 滤波器来说,LCL 滤波能够兼顾低频段信号增益和高频段信号衰减,具有比 L 滤波器更好的使用效果,然而由于 LCL 滤波器的三阶特性,其参数设计涉及两个电感值与一个电容值,这三个参数之间具有一定的耦合关系,任何一个参数的变化都会对滤波器的性能造成影响[178-179]。

6.2.1　LCL 滤波器基本原理

　　链式 STATCOM 装置的 LCL 滤波器工作的基本方法是增加电容支路与电网侧的滤波电感,一方面电容支路为高频谐波电流分量提供低阻通路,另一方面电网侧滤波电感对注入电网的高频谐波电流分量呈现高阻,电容支路与电网侧滤波电感相互配合完成对高频谐波电流分量的并联分流,达到高频谐波电流的滤除效果。图 6-5 为 LCL 滤波器的结构图,u_i 为链式 STATCOM 出口电压;u_S 为连接电网电压;L_1、R_1 为 STATCOM 侧滤波电感及其内阻;L_2、R_2 为电网侧滤波电感及其内阻;L_S 为电网侧电感;C、R_d 为滤波电容及其内阻。

　　因 R_1、R_2 较小,在建立系统模型时忽略不计,由图 6-5 容易得到各传递函数分别如下:

　　(1) 变流器出口电流 i_1 到链式 STATCOM 出口电压 u_i 的传递函数 $G_1(s)$:

$$G_1(s) = \frac{i_1}{u_i} = \frac{L_2Cs^2 + R_dCs + 1}{L_1L_2Cs^3 + (L_1+L_2)R_dCs^2 + (L_1+L_2)s} \qquad (6\text{-}10)$$

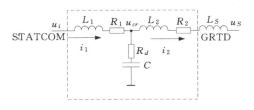

图 6-5　LCL 滤波器结构图

（2）电网侧电流 i_2 到链式 STATCOM 出口电压 u_i 的传递函数 $G_2(s)$：

$$G_2(s) = \frac{i_2}{u_i} = \frac{R_d Cs + 1}{L_1 L_2 Cs^3 + (L_1 + L_2)R_d Cs^2 + (L_1 + L_2)s} \qquad (6\text{-}11)$$

（3）电网侧电流 i_2 到变流器出口电流 i_1 的传递函数 $G_3(s)$：

$$G_3(s) = \frac{i_2}{i_1} = \frac{R_d Cs + 1}{L_2 Cs^2 + R_d Cs + 1} \qquad (6\text{-}12)$$

式（6-10）、式（6-11）主要作为 LCL 滤波器不同侧电流反馈控制时的数学模型，可以借此分析滤波器的性能。式（6-10）能得到变流器侧电流 i_1 的纹波抑制情况，式（6-11）能得到开关纹波在特定衰减率下 L_1、L_2、C 之间的数学关系，但满足特定衰减率下的 LCL 滤波器参数存在很多选择，给滤波器的参数设计带来了困难。式（6-12）主要用来衡量 LCL 滤波器 STATCOM 侧电流相对于电网侧电流谐波衰减性能，从上式可以看出，与 STATCOM 侧电感 L_1 无关[180-181]。

6.2.2　优化模型

（1）适应度函数

利用开关频率处的谐波电流衰减比作为适应度函数，只要滤波效果越好，适应度函数值越小，谐波电流衰减比函数见公式（6-13）：

$$f_{\text{fit}} = \frac{|i_2(\text{j}\omega_S)|}{|i_1(\text{j}\omega_S)|} = \left| \frac{R_d C\text{j}\omega_S + 1}{(L_2 C(\text{j}\omega_S)^2 + R_d C\text{j}\omega_S + 1)} \right| \qquad (6\text{-}13)$$

（2）约束条件

① 限制滤波电容支路吸收的基波无功功率低于额定容量的 5%。

$$Q_C < 5\% \times S_N \Rightarrow C < 12.4 \text{ uF} \qquad (6\text{-}14)$$

② 滤波器总电感基波电压损失低于额定工作状态下电网相电压的 10%。

$$\omega(L_1 + L_2)I_N \leqslant 10\% \times \frac{U_N}{\sqrt{3}} \Rightarrow L_1 + L_2 \leqslant 4.1 \text{ mH} \qquad (6\text{-}15)$$

③ LCL 谐振频率必须大于 STATCOM 装置的最高次补偿谐波电流频率，小于开关频率的二分之一。

$$20f < \frac{1}{2\pi}\sqrt{\frac{L_1 + L_2}{L_1 L_2 C}} < \frac{1}{2}f_s \Rightarrow$$

$$1\,000 < \frac{1}{2\pi}\sqrt{\frac{L_1 + L_2}{L_1 L_2 C}} < 5\,400 \tag{6-16}$$

6.2.3 优化结果

针对串联不同阻尼电阻的情况各进行 10 次优化计算并选取最优结果,得到滤波器参数如表 6-3。由表 6-3 可知,人工鱼群算法能快速得出串联不同阻尼电阻情况下的 LCL 滤波器的最优参数,且改进后的算法收敛性较好。当阻尼电阻越大,适应度函数值越大,LCL 滤波器的滤波性能越差,当阻尼电阻为 10 Ω 时,开关频率谐波衰减比高于 0.2,已经不满足设计要求。阻尼电阻值越小,滤波效果就越好,但过小的阻尼电阻不利于 LCL 滤波器的稳定控制。

表 6-3 人工鱼群算法优化的 LCL 滤波器参数

序号	R_d / Ω	L_1 / mH	L_2 / mH	$C / \mu\mathrm{F}$	L_1/L_2	f_{res}/Hz	f_{fit}/Hz
1	0.1	2.438 1	0.600 0	12.390 0	4.063 5	2 060.556 6	0.030 2
2	5	2.822 3	0.600 0	12.390 0	4.703 8	2 032.669 4	0.129 0
3	10	2.904 3	0.600 0	12.390 0	4.840 5	2 027.632 0	0.247 0

分别将采用工程设定和采用人工鱼群优化后的 LCL 滤波器运用到链式 STATCOM 装置中,其滤波效果如图 6-7 和图 6-9 所示。

如图 6-6 和图 6-8 所示,采用工程设定方法设置 LCL 参数时,波形畸变率为 2.55%;而采用人工鱼群算法优化 LCL 参数后,波形畸变率为 1.7%。现场测试结果表明,人工鱼群算法优化 LCL 参数后,其滤波性能优于原来工程设定参数的 LCL 滤波器。LCL 滤波器可以用较小的滤波电感值即可达到较大值 L 滤波器的滤波效果,不但大大节省了装置的成本与占地空间,而且较小的滤波电感值对于提升链式 STATCOM 的电流动态响应补偿能力有着不可忽视的作用。将改进后的人工鱼群算法应用到矿用链式 STATCOM 装置的 LCL 滤波器参数优化,解决了其参数设置复杂、计算量大的问题,提高了链式 STATCOM 装置的 LCL 滤波器的性能,有利于煤矿电网电能质量的提高。

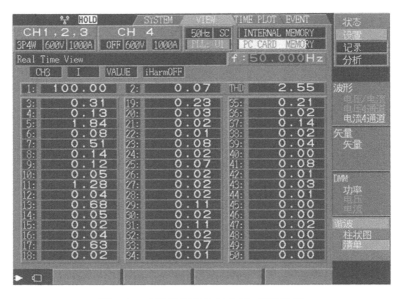

图 6-6　工程设定参数的 LCL 滤波效果

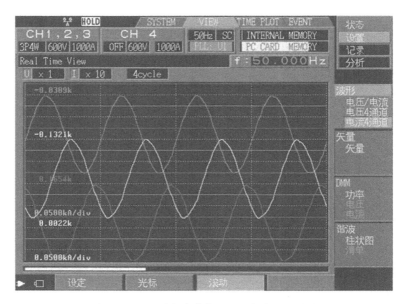

图 6-7　工程设定参数的 LCL 滤波后的波形

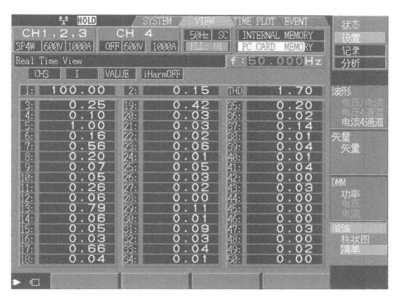

图 6-8　人工鱼群算法优化参数的 LCL 滤波效果

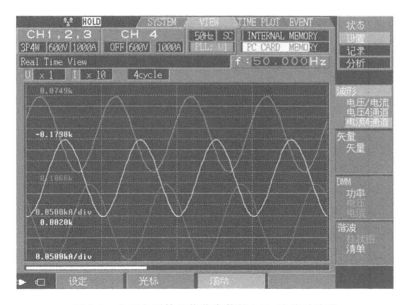

图 6-9　人工鱼群算法优化参数的 LCL 滤波后波形

7 总结与展望

7.1 总结

本书在对优化问题的历史和发展历程进行总结和回顾的基础上,介绍了主要智能优化方法的起源及其发展现状;在回顾热点优化技术的发展历程、研究现状的基础上,介绍了人工鱼群算法的研究背景和研究现状;以基本人工鱼群算法为例,分析了人工鱼群算法的模型和人工鱼的行为方式,在此基础上对人工鱼群算法的主要参数的作用影响进行了分析;根据对人工鱼群算法主要参数作用机理及其影响的分析,得出了人工鱼群算法参数的影响规律,对算法参数设置的一般指导性原则进行了总结;在智能算法统一框架理论下,运用统一框架理论对人工鱼群算法进行了描述。

在基本人工鱼群算法中,算法在初始阶段具有较强的搜索能力,但也存在算法执行后期搜索能力弱化、易陷入局部最优、最优解精度不高的问题。在算法前期要求人工鱼有较大的视野和步长,有利于快速搜索;但算法在执行后期,视野和步长较小有利于精确搜索。本书针对基本人工鱼群算法的视野和步长在算法不同阶段要求不同的矛盾,提出一种基于分段自适应函数法的改进人工鱼群算法;提出并设计出了幂函数型、线性函数型以及指数函数型三种分段自适应函数,作为人工鱼视野和步长的分段自适应系数,实现算法的改进;给出了这三种主要的分段自适应函数的设计方法,并分别进行了比较实验研究:幂函数型衰减函数具有最快的衰减速度,能对视野和步长进行快速衰减,主要应用于局部最优不突出的优化问题;线性函数型衰减函数的衰减速度最慢,且衰减过程均匀,主要用于局部极值突出的优化问题;指数函数型衰减函数的衰减效果介于幂函数型和线性函数型之间;采用分段自适应函数法后,人工鱼的视野和步长在分段自适应函数系数的作用下,参数鲁棒性得到了极大提高;通过对人工鱼群算法的视野和步长这两个参数进行分段自适应函数法改进,提高了鱼群算法的收敛速度和求解精度,且算法复杂度也没有提高,并有弱化算法复杂度的作用。

针对基本人工鱼群算法在寻优过程中存在的人工鱼个体分散,算法后期全局最优邻域内人工鱼个体数量比例低，影响寻优效率和最优解精度的问题，本书根据生物进化思想提出了基于进化策略的人工鱼群算法，并在此基础上提出了有效人工鱼和精英人工鱼群的概念。如何在种群规模不变的前提下提高有效人工鱼比例，进化人工鱼群算法的提出正是对此问题的一个可行解决方案。根据对生物进化过程中的无性生殖和有性生殖方式的模拟，分别提出了模拟无性生殖的淘汰与克隆机制（ECM）和模拟有性生殖的权值可调重组法（SR）对基本人工鱼群算法进行改进。淘汰与克隆机制通过淘汰适应度低的个体，克隆高适应度个体，实现了人工鱼种群整体适应度的提高，但使种群易于趋向于同质化。对于全局最优邻域存在形态突变的优化问题，淘汰与克隆机制有可能导致算法陷入局部最优。在中间重组的基础上提出了一种新的权值可调重组法，作为子代鱼群的生成方式。权值可调重组法通过父代个体选择的不确定性，使子代鱼群保持了更多的特性，在提高种群整体适应度的基础上又保证了群体多样性，其效果优于淘汰与克隆机制。基于进化策略的鱼群算法实现了在算法运算所需存储空间不增加，算法复杂度不增加的前提下，提高鱼群整体适应度的目的。高适应度个体比例的增加，提高了人工鱼个体到达全局最优的概率，促使人工鱼个体加速向全局最优邻域聚集，使算法快速收敛。

在优化算法的改进研究中存在某些情况下单一的改进措施不一定能达到算法性能提升的目的，甚至会降低原算法的性能，使该方法成为一种不可行方案的情况。但当将两种或两种以上改进方法同时应用时，却可能将原来的不可行改进方法变得可行，且达到较好的改进效果。针对这一现象，根据人工鱼群算法的不同改进思想，取长补短，将多种改进方法进行融合，形成性能更为优良的混合人工鱼群算法。扩展人工鱼的行为方式，增加鱼群的跳跃行为，促进受困人工鱼个体跳出局部最优，克服了局部极值突出的问题。将人工鱼视野和步长的分段自适应改进、人工鱼种群进化策略改进相结合，形成分段自适应进化人工鱼群算法。将分段自适应函数法与淘汰与克隆机制相融合，形成了带有淘汰与克隆机制的分段自适应鱼群算法（ECMA）。实验结果表明，ECMA的性能优于单独应用分段自适应函数法和淘汰与克隆机制对鱼群算法的改进。鉴于淘汰与克隆机制存在的局限性，利用人工鱼的有性生殖替代了淘汰与克隆机制，研究了基于有性生殖的分段自适应混合鱼群算法（SRA），SRA同样具有良好的性能，且对局部最优突出的问题，SRA要优于ECMA。以基本粒子群算法作为其他群体智能优化算法的典型代表，研究了基于粒子群算法的混合人工鱼群算法（PSOA）。利用人工鱼群算法克服局部最优能力强的优势搜索初步解，再利用粒子群进行快速精细化搜索，对算法复杂度的影响也不显著，为其他智能算法与人工鱼群算法的融合提供了借鉴。混合人工鱼群算法的研究为人工鱼群算法的改进开辟了更广阔的空间,综合多种改进措施的算法改进思想也促进了算法性能的大幅提高。

最后将人工鱼群算法应用到机器人路径规划和参数优化研究中,验证了人工鱼群算法及其改进策略应用的有效性。

根据上述主要研究工作的总结,本书的主要工作如下:

(1)针对基本人工鱼群算法存在的收敛速度和最优解精度不能兼顾的问题,提出基于分段自适应函数法的改进措施解决了这一矛盾。

(2)针对人工鱼群体分散,适应度较高的个体比例低,造成寻优效率不高的问题,提出采用模拟无性生殖的淘汰与克隆机制以及模拟有性生殖的权值可调重组法对鱼群算法进行改进,提高了算法收敛效率。

(3)将鱼类跳跃行为引入人工鱼群算法,拓展了人工鱼的行为方式,改善局部极值突出时算法寻优的性能。

(4)将分段自适应函数和生物进化思想相结合,形成分段自适应进化人工鱼群算法,实现从算法参数和算法仿生学基础方面的混合改进。

7.2　研究展望

纵观人工鱼群算法的研究现状,人工鱼群算法的理论改进研究和算法应用研究都取得了丰硕成果,但算法本身及其应用还存在不少问题,有待进一步研究解决。

人工鱼群算法自身的理论体系还有待完善,目前对算法收敛速度和算法参数设置的理论依据等方面的研究还是以实验例证为主,理论推导还不是十分完备。在算法改进方面,应运用多种方法改进人工鱼群算法,在算法参数改进和更新公式的基础上,加强混合人工鱼群算法的研究,将人工鱼群算法与其他启发式算法以及其他智能计算方法进行有机融合。在理论研究的基础上加强应用研究,拓展人工鱼群算法的应用领域,不应局限于目前的函数优化、组合优化等理论性问题,应加强人工鱼群算法在现代制造、矿业安全、机器人应用等实际复杂优化问题领域的应用。

参考文献

[1] 雷秀娟. 群智能优化算法及其应用[M]. 北京:科学出版社,2012.

[2] ICHIKAWA KUNIHIKO, TAMUAR KATSUTOSI. Optimization problem with unknown parameter[J]. Transactions of the society of instrument and control engineers,1969,5(1):25-31.

[3] 江铭炎,袁东风. 人工鱼群算法及其应用[M]. 北京:科学出版社,2012.

[4] 王开荣. 最优化方法[M]. 北京:科学出版社,2012:1-2.

[5] GUY R B,BEURLE R L. Some properties of small networks of randomly connected artificial neurons[C]//1st International Joint Conference on Artificial Intelligence (IJCAI-69). Washington D. C. : Morgan Kaufmann Publishers Inc.,1969:429-445.

[6] KIRKPATRICK S,GELATT C D,VECCHI M P. Optimization by simulated annealing[J]. Science,1983,220(4598):671-680.

[7] STORM R,PRICE K. Differential evolution—a simple and efficient adaptive scheme for global optimization over continuous spaces[M]. Berkley: International Computer Science Institute,1986.

[8] HOLLAND J H. Genetic algorithms and the optimal allocation of trials [J]. SIAM journal on computing,1973,2(2):88-105.

[9] GLOVER F. Future paths for integer programming and links to artificial intelligence[J]. Computer and operations research,1986,13(5):533-549.

[10] DORIGO M,MANIEZZO V,COLORNI A. Ant system:optimization by a colony of cooperating agents[J]. IEEE transaction on systems, man, and cybernetics:part B,1996,26(1):29-41.

[11] EBERHAR R C,KENNEDY J. A new optimizer using particles swarm theory[C]//MHS'95. Proceedings of the Sixth International Symposium on Micro Machine and Human Science, IEEE. Piscataway:[s. n.],1995: 39-43.

[12] 李晓磊,邵之江,钱积新. 一种基于动物自治体的寻优模式:鱼群算法[J].

系统工程理论与实践,2002,22(11):32-38.

[13] YANG X S. Nature-inspired metaheuristic algorithms[M]. Beckington: Luniver press,2008.

[14] YANG X S. Harmony search as a metaheuristic algorithm[J]. Music-inspired harmony search algorithm: theory and applications, 2009, 191: 1-14.

[15] YANG X S. A new metaheuristic bat-inspired algorithm[J]. Nature inspired cooperative strategies for optimization,2010,284:65-74.

[16] YANG X S, DEB S. Cuckoo search via Levy flights[C]//2009 World Congress on Nature & Biologically Inspired Computing. India:IEEE Publications,2009:210-214.

[17] PASSINO, KEVIN M. Biomimicry of bacterial foraging for distributed optimization and control[J]. IEEE control systems magazine, 2002, 22 (3):52-67.

[18] EUSUFF M, LANSEY K, PASHA F. Shuffled frog leaping algorithm: a memetic meta-heuristic for discrete optimization[J]. Engineering optimization,2006,38(2):129-154.

[19] SEELEY T D. The wisdom of the hive: the social physiology of honey bee colonies[M]. Cambridge: Harvard University Press,1995.

[20] HE S, WU Q H, SAUNDERS J R. A novel group search optimizer inspired by animal behavioural ecology[C]//2006 IEEE Congress on Evolutionary Computation. Vancouver, BC, Canada. July, 2006:16-21.

[21] MEHRABIAN A R, LUCAC C. A novel numerical optimization algorithm inspired from weed colonization[J]. Ecological informatics, 2006, 1(4): 355-366.

[22] HAMED SHAH, HOSSEINI. Problem solving by intelligent water drops [C]//2007 IEEE Congress on Evolutionary Computation. Singapore, 2007:3226-3229.

[23] SIMON D. Biogeography-based optimization[J]. IEEE transactions on evolutionary computation,2008,12(6):702-713.

[24] WANG S, DAI D W, HU H J, et al. RBF neural network parameters optimization based on paddy field algorithm[C]//2011 IEEE International Conference on Information and Automation. [s. l.]: [s. n.], 2011: 349-353.

[25] ANTONIO MUCHERINO,ONUR SEREF.Monkey search:a novel me-taheuristic search for global optimization[C]//API Conference Proceed-ings.[s.l.]:[s.n.],2007:162-173.

[26] 赵玉新,XINSHE YANG,刘利强.新兴元启发式优化方法[M].北京:科学出版社,2013.

[27] 张雷,范波.计算智能理论与方法[M].北京:科学出版社,2013.

[28] 徐宗本,张讲社,郑亚林.计算智能中的仿生学:理论与算法[M].北京:科学出版社,2003.

[29] 梁久祯.计算智能:若干理论问题及其应用[M].北京:国防工业出版社,2007.

[30] 肖人彬,等.面向复杂系统的群集智能[M].北京:科学出版社,2013.

[31] OZCAN E,MOHAN C K.Analysis of a simple particle swarm optimiza-tion system[J].Intelligent engineering systems through artificial neural networks,1998,8:235-258.

[32] OZCAN E,MOHAN C K.Particle swarm optimization:surfing the waves[C]//1999 Congress on Evolutionary Computation (CEC99).[s.l.]:IEEE Computer Society,1999,3:6-9.

[33] MAUTICE C,KENNEDY J.The particle swarm-explosion,stability and convergence in a multidimensional complex space[C]//IEEE Transaction on Evolutionary computation.[s.l.]:[s.n.],2002:58-73.

[34] 王志.粒子群优化算法及其改进[D].重庆:重庆大学,2011.

[35] KENNEDY J.Small worlds and mega-minds:effects of neighborhood to-pology on particle swarm performance[C]//1999 Congress on Evolution-ary Computation (CEC99).[s.l.]:IEEE Computer Society,1999,3:1931-1938.

[36] MENDES R,KENNEDY J.The fully informed particle swarm:Simpler,maybe better[J].IEEE transaction on evolutionary computation,2004,8(3):204-210.

[37] MENDES R.Population topologies and their influence in particle swarm performance[D].Braga:University of Minho,2004.

[38] ANGELIN P J.Evolutionary optimization versus particle swarm optimi-zation:philosophy and performance difference[C]//Proc of the 7th Annu-al Conf on Evolutionary Programming.[s.l.]:Springer,1998:601-610.

[39] KENNEDY J,MENDES R.Population structure and particle swarm per-

formance[C]//Processdings IEEE Congress Evolutionary Computation. Piscataway:[s. n.],2002,2:1671-1676.

[40] PEER E S,VAN DEN BEERGH F,ENGELBRECHT A P. Using neighborhoods with the guaranteed convergence PSO[C]//2003 IEEE Swarm Intelligence Symposium (SIS03). Indianapolis:[s. n.],2003:235-242.

[41] SHI Y, EBERHART R C. Fuzzy adaptive particle swarm optimization [C]//Congress on Evolutionary Computation (CEC 2001). Seoul: [s. n.],2001:101-106.

[42] CHATTERJEE A, SIARRY P. Nonlinear inertia weight variation for dynamic adaptation in particle swarm optimization[J]. Computers and operations research,2006,33(3):859-871.

[43] BRITS R,ENGELBRCHTA P,BERGH F D. Solving systems of unconstrained equations using particle swarm optimization[C]//2002 IEEE International Conference on Systems, Man and Cybernetics (SMC02). Singapore:[s. n.],2002:1037-1040.

[44] LOVBJERG M,RASMUSSEN T K,KRINK T. Hybrid particle swarm optimizer with breeding and subpopulations[C]//Third Genetic and Evolutionary Computation Congress. Piscataway:[s. n.],2001:469-476.

[45] NATASUKI H,HITOSHI I. Particle swarm optimization with Gaussian mutation[C]//2003 IEEE Swarm Intelligence Symposium (SIS03). Indianapolis:[s. n.],2003:72-79.

[46] SHI Y,KROHLING R A. Co-evolutionary particle swarm optimization to solve min-max problems[C]//IEEE World Congress on Computational Intelligence (WCCI2002). Piscataway:[s. n.],2002:1682-1689.

[47] BASKAR S,SUGANTHAN P N. A novel concurrent particle swarm optimization[C]//Congress on Evolutionary Computation (CEC 2004). Piscataway:[s. n.],2004:792-796.

[48] LOVBJERG M,KRINK T. Extending particle swarm optimizer with self-organized criticality[C]//IEEE World Congress on Computational Intelligence (WCCI2002). Piscataway:[s. n.],2002:1588-1593.

[49] XIE X F,ZHANG W J,YANG Z L. Adaptive particle swarm optimization on individual level[C]//2002 6th International Conference on Signal Processing Proceedings (ICSP02). Piscataway:[s. n.],2002:1215-1218.

[50] Xie X F,Zhang W J,Yang Z L. A dissipative particle swarm optimization

［C］. 2002 IEEE World Congress on Computational Intelligence (WCCI2002). Piscataway：[s. n.]，2002：1456-1461.

[51] RATNAWEERA A，HALGAMUGE S K，WATSON H C. Self-organizing hierarchical particle swarm optimizer with time-varying acceleration coefficients[J]. IEEE transactions on evolutionary computation，2004，8 (3)：240-255.

[52] KARABOGA D. An idea based on honey bee swarm for numerial optimization[D]. Kayseri：Erciyes University，2005.

[53] TEODOROVIC D，DELL'ORCO M. Bee colony optimization a cooperative learning approach to complex transportation problems [C]//Advanced OR and AI Methods in Transportation. [s. l.]：[s. n.]，2005：51-60.

[54] KARABOGA D，BASTURK B. On the performance of artificial bee colony(ABC) algorithm[J]. Applied soft computing，2008，8(1)：687-697.

[55] KARABOGA D. A new design method based on artificial bee colony algorithm for digital IIR filters[J]. Journal of the Franklin Institute，2009，346 (4)：328-348.

[56] RAO R，NARASIMHAM S，RAMALINGARAJU M. Optimization of distribution network configuration for loss reduction using artificial bee colony algorithm[J]. International journal of electrical power and energy systems engineering，2008，1(2)：709-715.

[57] SINGH A. An artificial bee colony algorithm for the leaf-constrained minimum spanning tree problem[J]. Applied soft computing，2009，9(2)：625-631.

[58] 丁海军，李峰磊. 蜂群算法在 TSP 问题上的应用及参数改进[J]. 中国科技信息. 2008，3：241-243.

[59] DUAN H B，XU C F，XING Z. A hybrid artificial bee colony optimization and quantum evolutionary algorithm for continuous optimization problems[J]. International journal of neural systems，2010，20(1)：39-50.

[60] XU C F，DUAN H B. Artificial bee colony(ABC) optimized edge potential function(EPF) approach to target recognition for low-altitude aircraft [J]. Pattern recognition letters，2010，31(13)：1759-1772.

[61] DUAN H B，XU C F，LIU F. Chaotic artificial bee colony approach to uninhabited combat air vehicle(UCAV) path planning[J]. Aerospace science

and technology,2010,14(8):535-541.

[62] 段海滨,张祥银,徐春芳. 仿生智能计算[M]. 北京:科学出版社,2010: 88-90.

[63] NICHOLAS HOLDEN, ALEX A FREITAS . Web page classification with an ant colony algorithm[J]. Lecture notes in computer science, 2004,3242(1):1092-1102.

[64] 张纪会,高齐圣,徐心和. 自适应蚁群算法[J]. 控制理论与应用,2000,17 (1):1-3.

[65] YANG XINBIN; SUN JINGGAO; HUANG DAO. A new clustering method based on ant colony algorithm[C]. Intelligent Control and Automation,2002. Proceedings of the 4th World Congress on. IEEE, 2002: 2222-2226.

[66] 徐精明,曹先彬,王煦法. 多态蚁群算法[J]. 中国科学技术大学学报,2005, 35(1):59-65.

[67] DORIGO M,GAMBARDELLS L M. Ant colonies for the travelling salesman problem[J]. Biosystems,1997,43(2):73-81.

[68] DORIGO M, GAMBARDELLS L M. Ant colony system:a cooperative learning approach to the travelling salesman problem[J]. IEEE transactions on evolutionary computation,1997,1(1):53-66.

[69] DORIGO M,STUTZLE T. An experimental study of the simple ant colony optimization algorithm[C]. Proceeding of the 2001 WSSR International Conference on Evolutionary Computation,2002:253-258.

[70] 李晓磊,钱积新. 人工鱼群算法:自下而上的寻优模式[C]// 中国系统工程学会过程系统工程专业委员会. 过程系统工程 2001 年会论文集. 北京:中国石化出版社,2001:76-82.

[71] 李晓磊. 一种新型的智能优化方法:人工鱼群算法[D]. 杭州:浙江大学,2003.

[72] 陈广洲,汪家权,李传军,等. 一种改进的人工鱼群算法及其应用[J]. 系统工程,2009,27(12):105-110.

[73] JIANG M Y, NIKOS E, MASTORAKIS, et al. Multi-threshold image segmentation with improved artificial fish swarm algorithm[C]//Proceedings of the European Computing Conference(ECC2009). 2009, 133-138.

[74] 李晓磊,薛云灿,路飞,等. 基于人工鱼群算法的参数估计方法[J]. 山东大

学学报(工学版),2004,34(3):84-87.

[75] 姚正华,夏正龙.基于改进鱼群算法的矿用链式 STATCOM 装置的 LCL 滤波器参数优化[J].煤矿机械,2015,36(11):253-255.

[76] 姚正华,宋晓红.人工鱼群算法研究与应用现状[J].黑龙江科技信息,2014 (34):143-145.

[77] 王联国.人工鱼群算法及其应用研究[D].兰州:兰州理工大学,2009.

[78] ZHU K, JIANG M, CHENG Y. Niche artificial fish swarm algorithm based on quantum theory[C]//Signal Processing(ICSP),2010 IEEE 10th International Conference on. IEEE,2010:1425-1428.

[79] 刘志君,高亚奎,章卫国,等.混合人工鱼群算法在约束非线性优化中的应用[J].哈尔滨工业大学学报,2014,46(9):55-60.

[80] 陈艳娜.基于神经网络的汽车故障诊断系统及其应用[D].重庆:重庆理工大学,2014.

[81] 雷娟.人工鱼群算法在组合优化问题上的应用研究[D].西安:西安理工大学,2010.

[82] JIANG M, MASTORAKIS N E, YUAN D, et al. Image segmentation with improved artificial fish swarm algorithm[C]//Proceedings of the European Computing Conference. Springer US,2009:133-138.

[83] JIANG M Y, WANG Y, PFLETSCHINGER S, et al. Optimal multiuser detection with artificial fish swarm algorithm[C]//3rd International Conference on Intelligent Computing. Springer Berlin Heidelberg, 2007: 1084-1093.

[84] JIANG M Y, CHENG Y. Simulated annealing artificial fish swarm algorithm [C]//Intelligent Control and Automation (WCICA), 2010 8th World Congress on. IEEE,2010:1590-1593.

[85] 潘喆,吴一全.二维 Otsu 图像分割的人工鱼群算法[J].光学学报,2009,29 (8):2115-2121.

[86] JIANG M, MASTORAKIS N, YUAN D, et al. Multi-threshold image segmentation with improved artificial fish swarm algorithm block-coding and antenna selection[C]//Proceedings of the ECC 2007 European Computing Conference,2007.

[87] AI-LING Q, HONG-WEI M, TAO L. A weak signal detection method based on artificial fish swarm optimized matching pursuit[C]//Computer Science and Information Engineering, 2009 WRI World Congress on.

IEEE,2009,6:185-189.

[88] 张赫,徐玉如,万磊,等. 水下退化图像处理方法[J]. 天津大学学报,2010,43(9):827-833.

[89] GAOYIYU, SHEN YONGJUN, ZHANG GUIDONG, et al. Information security risk assessment model based on optimized support vector machine with artificial fish swarm algorithm[C]//Proceedings of the IEEE International Conference on Software Engineering and Service Sciences, ICSESS,2015:599-602.

[90] 丁生荣,马苗,郭敏. 人工鱼群算法在自适应图像增强中的应用[J]. 计算机工程与应用,2012,48(2):185-187.

[91] JIANG M, WANG Y, RUBIO F, et al. Spread spectrum code estimation by artificial fish swarm algorithm [C]//Intelligent Signal Processing, 2007. WISP 2007. IEEE International Symposium on. IEEE,2007:1-6.

[92] JIANG M, LI C, YUAN D, et al. Multiuser detection based on wavelet packet modulation and artificial fish swarm algorithm[C]//IET Conference on Wireless, Mobile and Sensor Networks 2007(CCWMSN07), January 2007:117-120.

[93] WANG C R, ZHOU C L, MA J W. An improved artificial fish-swarm algorithm and its application in feed-forward neural networks [C]//Machine Learning and Cybernetics, 2005. Proceedings of 2005 International Conference on. IEEE,2005,5:2890-2894.

[94] 师彪,李郁侠,于新花,等. 自适应人工鱼群-BP 神经网络算法在径流预测中的应用[J]. 自然资源学报,2009,24(11):2005-2013.

[95] SHEN W, GUO X, WU C, et al. Forecasting stock indices using radial basis function neural networks optimized by artificial fish swarm algorithm [J]. Knowledge-based systems,2011,24(3):378-385.

[96] 曹承志,毛春雷. 人工鱼群神经网络速度辨识器及应用[J]. 计算机仿真,2008,25(10):291-294.

[97] HUANG Y, LIN Y. Freight prediction based on BP neural network improved by chaos artificial fish-swarm algorithm [C]//Computer Science and Software Engineering, 2008 International Conference on. IEEE,2008, 5:1287-1290.

[98] 师彪,李郁侠,于新花,等. 基于弹性自适应人工鱼群-BP 神经网络的风轮节距控制环[J]. 农业工程学报,2010(1):145-149.

[99] 郭强，张超，莫天生. 人工鱼群神经网络在热连轧卷取温度预报中的应用[J]. 科技导报，2010(1)：74-77.

[100] ZHANG M, SHAO C, LI F, et al. Evolving neural network classifiers and feature subset using artificial fish swarm [C]//Mechatronics and Automation, Proceedings of the 2006 IEEE International Conference on. IEEE, 2006：1598-1602.

[101] XIAOLI C, YING Z, JUNTAO S, et al. Method of image segmentation based on fuzzy C-means clustering algorithm and artificial fish swarm algorithm [C]//Intelligent Computing and Integrated Systems (ICISS), 2010 International Conference on. IEEE, 2010：254-257.

[102] 刘白，周永权. 一种基于人工鱼群的混合聚类算法[J]. 计算机工程与应用，2009，44(18)：136-138.

[103] ZHU W, JIANG J, SONG C, et al. Clustring algorithm based on fuzzy C-means and artificial fish swarm [J]. Procedia engineering, 2012, 29：3307-3311.

[104] SU J, WU H, XUE H. A New clustering method based on artificial fish-swarm algorithm[J]. Computer simulation, 2009, 26(2)：147-50.

[105] CHEN X, WANG J, SUN D, et al. Time series forecasting based on novel support vector machine using artificial fish swarm algorithm [C]//Fourth International Conference on Natural Computation. IEEE Computer Society, 2008：206-211.

[106] YAZDANI D, GOLYARI S, MEYBODI M R. A new hybrid approach for data clustering[C]//Telecommunications (IST), 2010 5th International Symposium on. IEEE, 2010：914-919.

[107] SHUMIN S, JIANMING Z, HAIYAN L. Key frame extraction based on artificial fish swarm algorithm and k-means [C]//Transportation, Mechanical, and Electrical Engineering(TMEE), 2011 International Conference on. IEEE, 2011：1650-1653.

[108] LIU S, JIANG N. SVM parameters optimization algorithm and its application[C]//IEEE International Conference on Mechatronics and Automation. IEEE, 2008：18484-18497.

[109] 王培崇，钱旭，雷凤君，等. 新的混合小生境鱼群聚类算法[J]. 计算机应用，2012，32(8)：2189-2192.

[110] OLIVEIRA J F L, LUDERMIR T B. Homogeneous ensemble selection

through hierarchical clustering with a modified artificial fish swarm algorithm [C]//Tools with Artificial Intelligence (ICTAI), 2011 23rd IEEE International Conference on. IEEE, 2011:177-180.

[111] ZANG W, LIU X. Web users clustering analysis based on AFSA[C]// Pervasive Computing and Applications(ICPCA), 2011 6th International Conference on. IEEE, 2011:373-377.

[112] YE Y, GU L, LI S. Integrated model of support vector machine based on optimization of artificial fish algorithm [J]. Information computing and applications. 2012, 308:387-395.

[113] 陈祥生. 人工鱼群算法在聚类问题中的应用研究[D]. 合肥:安徽大学,2010.

[114] SONG R, CHEN X, TANG C. Study on temperature drift modeling and compensation of FOG based on AFSA optimizing LS-SVM[C]//Guidance, Navigation and Control Conference. IEEE, 2015:383-390.

[115] OLIVEIRA J F L D, LUDERMIR T B. A modified artificial fish swarm algorithm for the optimization of extreme learning machines[J]. Artificial neural networks and machine learning— ICANN 2012. 2012, 7553: 66-73.

[116] SHEN W, SUN Y S. Daily Maximum Electric Load Forecasting with RBF Optimized by AFSA in K-Means Clustering Algorithm[J]. Key engineering materials, 2011, 467:1225-1230.

[117] 李晓磊,冯少辉,钱积新,等. 基于人工鱼群算法的鲁棒 PID 控制器参数整定方法研究[J]. 信息与控制,2004,33(1):112-115.

[118] LUO Y, ZHANG J, LI X. The optimization of PID controller parameters based on artificial fish swarm algorithm[C]//Automation and Logistics, 2007 IEEE International Conference on. IEEE, 2007:1058-1062.

[119] LI X, FENG S, QIAN J, et al. Parameter tuning method of robust PID controller based on artificial fish school algorithm[J]. Information and control, 2004, 33(1):112-115.

[120] SENGOTTUVELAN P, PRASATH N. BAFSA:Breeding artificial fish swarm algorithm for optimal cluster head selection in wireless sensor networks [J]. Wireless personal communications, 2017, 94 (4): 1979-1991.

[121] LUO Y, WEI W, XIN WANG S. Optimization of PID controller parame-

ters based on an improved artificial fish swarm algorithm[C]//Advanced Computational Intelligence(IWACI),2010 Third International Workshop on. IEEE,2010:328-332.

[122] CHENG Z, HONG X. PID controller parameters optimization based on artificial fish swarm algorithm[C]//Fifth International Conference on Intelligent Computation Technology and Automation(ICICTA). 2012: 265-268.

[123] GUAN X, YIN Y X. An improved artificial fish swarm algorithm and its application[J]. Advanced materials research,2012,433-440:4434-4438.

[124] 彭珍瑞,栾睿,王娴.基于人工鱼群算法的伺服系统 PID 控制器参数优化[J].兰州交通大学学报,2012,31(4):117-120.

[125] HU J, ZENG X, XIAO J. Artificial fish school algorithm for function optimization [C]//Information Engineering and Computer Science (ICIECS),2010 2nd International Conference on. IEEE,2010:1-4.

[126] TANG J D, XIONG X Y, WU Y W, et al. Reactive power optimization of power system based on artificial fish-swarm algorithm[J]. Relay,2004, 32(19):9-33.

[127] 耿超,王丰华,苏磊,等.基于人工鱼群与蛙跳混合算法的变压器 Jiles-Atherton 模型参数辨识[J].中国电机工程学报,2015,35(18):4799-4807.

[128] GONG D, CHE J, WANG J, et al. Short-term electricity price forecasting based on novel SVM using artificial fish swarm algorithm under deregulated power[C]//Intelligent Information Technology Application,2008. IITA'08. Second International Symposium on. IEEE,2008,1:85-89.

[129] LIU S K, DONG N, ZHENG Z, et al. Application of modified artificial fish swarm algorithm in power system reactive power optimization[J]. Applied mechanics and materials,2013,321:1361-1364.

[130] MA R Z. A Determination method for grading capacity of reactive power compensation using afsa to refine research[J]. Applied mechanics and materials,2014,448-453:2398-2405.

[131] YI X, MA L X, CAI W F, et al. Research of multi-objective power network planning based on improved fish swarm algorithm[J]. Applied mechanics & materials,2014,494-495:1735-1738.

[132] DU W, WU X, WANG H F, et al. Feasibility study to damp power sys-

tem multi-mode oscillations by using a single FACTS device[J]. International journal of electrical power & energy systems, 2010, 32（6）: 645-655.

[133] CAI H, HUANG J H, XIE Z J, et al. Modelling the benefits of smart energy scheduling in micro-grids[C]. Power & energy society general meeting. IEEE, 2015.

[134] 杨文荣,吴海燕,李练兵,等.配电网中基于人工鱼群算法的分布式发电规划[J].电力系统保护与控制,2010,38(21):156-161.

[135] NIU D, GU Z, ZHANG Y. An AFSA-TSGM based wavelet neural network for power load forecasting[C]//Advances in Neural Networks—ISNN 2009. Heidelberg:Springer Berlin, 2009:1034-1043.

[136] 彭勇,唐国磊,薛志春.基于改进人工鱼群算法的梯级水库群优化调度[J].系统工程理论与实践,2011,31(6):1118-1125.

[137] 丁红,刘东,李陶.基于改进人工鱼群算法的三江平原投影寻踪旱情评价模型[J].农业工程学报,2010(12):84-88.

[138] MA C, HE R. Green wave traffic control system optimization based on adaptive genetic-artificial fish swarm algorithm[J]. Neural computing & applications,2019,31(7):2073-2083.

[139] 姜山,季业飞.改进的人工鱼群混合算法在交通分配中的应用[J].计算机仿真,2011,28(6):326-329.

[140] HOU G, WU X, HUANG C, et al. A new efficient path design algorithm for wireless sensor networks with a mobile sink[C]. Control and Decision Conference. IEEE,2015.

[141] 孙伟,朱正礼,郑磊,等.基于人工鱼群和微粒群混合算法的 WSN 节点部署策略[J].计算机科学,2012,39(11):83-85,121.

[142] WANG DAWEI, WANG CHANGLIANG. Wireless sensor networks coverage optimization based on improved AFSA algorithm[J]. International Journal of Future Generation Communication and Networking, 2015,8(1):99-108.

[143] XIAO H, ZHAO X, OGAI H. A new clustering routing algorithm for wsn based on brief artificial fish-school optimization and ant colony optimization[J].電気学会論文誌 C（電子・情報・システム部門誌）,2013, 133(7):1339-1349.

[144] 李晓磊,路飞,田国会,等.组合优化问题的人工鱼群算法应用[J].山东大

学学报(工学版),2004,34(5):64-67.

[145] 黄光球,刘嘉飞,姚玉霞.求解组合优化问题的鱼群算法的收敛性证明[J].计算机工程与应用,2012,48(10):59-63.

[146] LI M,SUOHAI F. Forex prediction based on SVR optimized by artificial fish swarm algorithm[C]//Intelligent Systems(GCIS),2013 Fourth Global Congress on. IEEE,2013:47-52.

[147] CUI Z,ZHANG Y. Swarm intelligence in bioinformatics:methods and implementations for discovering patterns of multiple sequences[J]. Journal of nanoscience and nanotechnology,2014,14(2):1746-1757.

[148] 马千知,雷秀娟.改进粒子群算法在机器人路径规划中的应用[J].计算机工程与应用,2011,47(25):241-244.

[149] LEI Y,FENG Z. The optimization of fuzzy neural network based on artificial fish swarm algorithm[C]//IEEE,International Conference on Mobile Ad-Hoc and Sensor Networks. 2013:469-473.

[150] 姚正华,任子晖,陈艳娜.基于人工鱼群算法的煤矿救援机器人路径规划[J].煤矿机械,2014,35(4):59-61.

[151] YAO ZHENGHUA,REN ZIHUI. Path planning for coalmine rescue robot based on hybrid adaptive artificial fish swarm algorithm[J]. International journal of control and automation,2014,7(8):1-12.

[152] 姚正华,任子晖,陈艳娜.基于分段自适应鱼群算法的煤矿救援机器人路径规划[J].矿山机械,2014(6):107-111.

[153] WANG J,WU L J. Robot path planning based on artificial fish swarm algorithm under a known environment[J]. Advanced materials research,2014,989-994:2467-2469.

[154] 徐晓晴,朱庆保.动态环境下基于多人工鱼群算法和避碰规则库的机器人路径规划[J].电子学报,2012,40(8):1694-1700.

[155] MA Q,LEI X. Application of artificial fish school algorithm in UCAV path planning[C]//Bio-Inspired Computing:Theories and Applications (BIC-TA),2010 IEEE Fifth International Conference on. IEEE,2010:555-559.

[156] LU D,ZHANG G,LIU Y,et al. AFSA based path planning method for crowd evacuation[J]. Journal of information & computational science,2014,11(11):3815-3823.

[157] 李晓磊,钱积新.基于分解协调的人工鱼群优化算法研究[J].电路与系统

学报,2003,8(1):1-6.

[158] CHENG Y, JIANG M, YUAN D F. Novel clustering algorithms based on improved artificial fish swarm algorithm[C]//Fuzzy Systems and Knowledge Discovery, 2009. FSKD'09. Sixth International Conference on. IEEE, 2009, 3:141-145.

[159] ZHU K, JIANG M. An improved artificial fish swarm algorithm based on chaotic search and feedback strategy[C]//Computational Intelligence and Software Engineering, 2009. CiSE 2009. International Conference on. IEEE, 2009:1-4.

[160] 王联国,洪毅,赵付青,等. 一种改进的人工鱼群算法[J]. 计算机工程, 2008,34(19):192-194.

[161] 卢雪燕,蔡菲菲. 基于多群竞争的改进人工鱼群算法[J]. 梧州学院学报, 2008,18(3):66-72.

[162] 李永亮,刘建辉. 基于DCC策略改进的多鱼群算法[J]. 计算机工程与科学,2010,32(11):79-81.

[163] 张梅凤,邵诚,甘勇,等. 基于变异算子与模拟退火混合的人工鱼群优化算法[J]. 电子学报,2006,34(8):1381-1386.

[164] 曲良东,何登旭. 混合变异算子的人工鱼群算法[J]. 计算机工程与应用, 2009,44(35):50-52.

[165] WANG C B, GUO J. A new hybrid algorithm based on artificial fish swarm algorithm and genetic algorithm for VRP[J]. Applied mechanics & materials,2013,325-326:1722-1725.

[166] 刘钊. 基于鱼群克隆遗传算法的配电网络重构研究[D]. 长沙:中南大学,2011.

[167] ZHONG-HUI G, JIAN-YONG D, HENG L. Hybrid algorithm based on artificial fish swarm algorithm and tabu search in distribution network reconfiguration[C]//Computer Design and Applications(ICCDA), 2010 International Conference on. IEEE, 2010, 5:415-418.

[168] CHEN X, WANG J, SUN D, et al. A novel hybrid evolutionary algorithm based on PSO and AFSA for feedforward neural network training[C]// IEEE 4th International Conference on Wireless Communications, Networking and Mobile Computing, 2008. WiCOM. 2008:1-8.

[169] CHEN HUADONG, WANG SHUZONG, LIJINGXI, et al. A hybrid of artificial fish swarm algorithm and particle swarm optimization for feed-

forward neural network training[C]//Proceedings of the international conference on intelligent systems and knowledge engineering (ISKE 2007),2007.

[170] 王凌,刘波.微粒群优化与调度算法[M].北京:清华大学出版社,2008:25-32.

[171] YAO ZHENGHUA, REN ZIHUI. An adaptive artificial fish swarm algorithm with elimination and clone mechanism[J].Computer modelling and new technologies,2014,18(12):110-116.

[172] 杨淑莹,张桦.群体智能与仿生计算:Matlab 技术实现[M].北京:电子工业出版社,2012:41-46.

[173] 王联国,施秋红,洪毅.PSO 和 AFSA 混合优化算法[J].计算机工程,2010,36(5):176-178.

[174] 王兆安,杨君,刘进军,等.谐波抑制和无功功率补偿[M].北京:机械工业出版社,2006.

[175] 谢运祥,朱立新,唐中琪.有源滤波器输出电感值的选取方法[J].华南理工大学学报(自然科学版),2000,28(9):73-76.

[176] 腾勇,史丽萍.矿用防爆型 STATCOM 装置的总体设计[J].煤矿机械,2015(3):5-7.

[177] 夏正龙.LCL 滤波器的链式 STATCOM 关键技术研究[D].徐州:中国矿业大学,2014.

[178] 夏正龙,史丽萍,陈丽兵,等.基于 LCL 滤波器的中高压链式 STATCOM 参数设计[J].煤炭学报,2013,38(8):1503-1510.